Legacy開宇人文科學創始人

崔沛然◆著

HQ帶你飛出自己的井

讓你擁有5%社會菁英的5大能力

Human Quotient

［作者序］

人力過剩，人才短缺

這本《HQ帶你飛出自己的井》從二〇〇七年的夏天，寫到了二〇一一年的聖誕節，又增修於二〇一二農曆新年，更修潤於二〇一二年三月，而本書是以心理學、行為學、哲學三種不同角度，取材東西方的先賢智慧，從工作、生活、生命三個不同的面向，來研究闡述這三者之間的關連性與獨立性。如今能呈現給親愛的讀者，尤其要感謝主編蔡靜怡的耐心指導及辛苦付出。

在這四年當中筆者的生活圈從台北多加了一個洛杉磯，工作圈也從台北延伸到上海／北京，在教育訓練這個事業領域從八年經驗累積到了十二年，從中結識了許多社會五％的菁英份子，更看到了社會上其他九十五％人的努力，在苦於無法突破現狀，所產生種種困擾的問題。

我非常！非常！熱愛教育訓練這個事業，多年的培訓經驗及融合心理學、行為學、哲學所研發的ＨＱ，讓我得到了我理想的接班人崔采婕April（我的女兒）。

長年在教育訓練這個領域的教學相長之下，我看懂了工作職場上從CEO下至總機接待人員，中高層經理人、行政管理人員、及最辛苦的業務銷售人員，在他們身上所發生的領導問題／管理問題／銷售問題，其實與每個人生活上所發生的親子相處問題／子女教育問題／婚姻問題，都是大同小異。

更令人驚訝的是——就連生命上所發生的意義問題及能量問題，都與工作問題、生活問題息息相關，將這些連結在一起，這一切的一切都是起因於「人」的變化所產生的課題與考驗！

於是競爭的「優•勝•劣•敗」天天都會上演，每天都會有悲劇，每天也會有英雄產生。由於M型化的問題造成人力過剩，人才短缺，進一步演變成五%傾斜化的問題浮上枱面，如果你正為這個問題所困擾，只要你有決心「要超越團隊社會中那二十%的菁英，想成為團隊社會中那五%的傑出者」，學會掌握人性的五大關鍵能力——ＨＱ，將幫助你突破困境，力爭上游，成為M型社會頂端那五%的傑出人才。

本書共分五章：

1. 井的形成因素與結構　2. 出井的方法——HQ
3. 能量加減乘除　4. 能量平衡法　5. 能量起源再認識

因為我親眼見證了我的學生在運用了本書HQ系統化的能力後，爆發魔術般的成長，個人業績成長七〇八倍，公司團隊成長四二〇%，業務員個人年度所得突破五千萬元，不要驚訝！因為下一個主角可能就是你，只要相信自己，用對方法努力！再努力！每個人都會成為Linsanity林書豪，創造自己的傳奇。

本書將獻給我心愛的太太邵夢珏，作為結婚二十年的禮物及聖誕節禮物；也傳承給我傑出的兒子崔廷宇Timothy及寶貝女兒崔采婕April，作為他們的人生指南。

目錄
CONTENTS

目錄
CONTENTS

Chapter 5 能量起源再認識

Chapter

1

井的形成因素與結構

Human Quotient

Human Quotient

從認錯中出發

人們透過這個「自認為對的空間」來看外界，以為這就是全世界，其實那只不過是我們從自己井底看出來所得到的世界，卻不知道其實井外還有很大的空間。

每個人其實都活在一個或大或小的井底

人們總是不容易察覺到自己所犯的「錯」，更別說承認自己犯的「錯」，於是人們往往在這樣的行為模式不斷地日復一日，月復一月，年復一年，周而復始，經過長時間的催化後就形成了所謂的「性格」，大多數人的性格都是在不自覺下，受社會、環境、家庭演變，及與朋友同事的交往互動過程中而自然成型。

我們原本都以為，我們所知道、看到的這個世界是很大的，殊不知由於每個人對每一件事物都努力投入，於是在不服輸要面子，好勝又想控制對方、指揮對方的想法驅動下，把原本是「工作、生活、生命」這三個獨立空間擠壓成了一個小而狹窄的空間，夫妻關係是如此，朋友關係也是如此，同事關係更是如此，親子關係何嘗不是如此，但我們卻又小心翼翼且不惜一切代價地付出，去維護那個我們自認對而偉大的空間，不鬆手也不回頭，人在不鬆手及不回頭的狀態下，很容易就會啟動自我保護主義，縮回自己最熟悉的空間。

於是我們便透過這個「自認為對的空間」來看外界，以為這就是全世界，其實那只不過是我們從自己井底所看出來的世界，卻不知道其實井外還有很大的空間。

每個人其實都活在一個或大或小的井底，但要承認自己是井底之蛙，是要有很大的勇氣與智慧。「承認」本身並不是一種自我否定行為，更不是為逃避所找的藉口，而是一種成熟的自我認知與覺醒的行為，也是另一種高貴的美德情操。

你是否被井困住了呢？或許你工作上的「井」是——

對加薪、升遷不滿意？

對你的老闆不滿意？

公司團隊帶不好？

或許你生活上的「井」是——

對夫妻關係不滿意？

對親子關係不滿意？

對人際關係不滿意？

或許你生命上的「井」是——

每天上班提不起勁？

人生沒有奮鬥目標？

對生命意義很迷惑？

所以，我們總不能永遠被困在井底，我們要飛出自己的井！

我們的「角色」被混淆了

為什麼人會不知不覺地就被困在井底，是因為我們的「角色」被混淆了、弄亂了。簡單地說，就是我們在「工作、生活、生命」這三個領域，應該有三個不同的角色定位與名稱，但往往被簡化成一個角色，讓自己一直使用同一個角色，並沒有因「工作、生活、生命」去變換你的角色，以致於誤入其他空間而渾然不知，例如：將工作的角色——老闆帶回家，便習慣以命令的態度和口氣與家人互動，於是最常見的就是發生在親子之間的代溝問題。

若是以筆者自己為例，我的角色定位分類如下：

工作角色：老闆、老師、作者、顧問

生活角色：丈夫、父親、兒子、弟弟、女婿、朋友

生命角色：哲學家（筆者自我設定的目標）

鴻海集團董事長郭台銘先生，在總統大選後曾對馬總統有這樣的期許：

選舉時：政治家

選舉後：企業家

談判時：經濟學家

決策時：軍事家

真是一個既精準又精闢的角色定位，令人佩服！也難怪鴻海集團能獨步全球。

那麼，若是那些金融業／保險業／房地產的業務員，他們的角色定位就可以是

——資產守護者／風險消滅者／財富創造者／幸福規劃者

當業務員有了角色定位的能力，就能跳脫只是一個銷售者的思維框架，創造更驚人的業績。

但角色做完定位、分類完成後，僅僅這樣還不夠，因為井外的環境會隨時改變，可能導致井會比以前變得又深又窄，會增加我們想要出井的難度，因此必須再進一步把角色的意義價值（它是角色的靈魂與導航器）也要一併地去了解與探討：

工作角色的意義價值是在追求什麼？

生活角色的意義價值是在追求什麼？

生命角色的意義價值是在追求什麼？

了解和探討工作角色、生活角色、生命角色的各自意義價值之後，我觀察了與我們華人關係最密切的三個地區：美國、中國、台灣，我做了以下的註解：

美國是工作的墳場區，生活的天堂區

中國是生活的垃圾區，工作的機會區

台灣是生命的毒瘤區，工作的研發區

想像有一天你在中國的上海市要過馬路，綠燈亮起時你正要穿越馬路的時候，但突然有公交車（公車）、出租車（計程車）、大卡車在你面前飛馳而過，你一定會嚇得心跳加速，甚至會有生命受威脅的恐懼感，雖然你站在斑馬線中央驚聲尖叫又罵聲連連，卻沒有人理你，因為那對當地人而言，只不過是司空見慣的事。

有人曾開玩笑地說美國洛杉磯一下小雨後就車禍特別多，那是因為洛杉磯很少下雨，由於下雨就必須開啟雨刷，駕駛人的視線容易受干擾或擋住，導致開車的人反應變慢。雖然是個笑話，但近幾年美國人的反應似乎真的變慢了，那是因為美國的制度太建全，使得一般人做事都只不過是個操作者，一旦工作久了，隨之而來就是思考變僵化了。

在台灣一打開電視或書報上，時常都會有大篇幅報導關於公車司機或大貨車駕駛員突然在駕駛途中死亡的報導；又有高科技研究人員因過度加班而猝死在辦公室或家中。

寫完這個註解，女兒看完後問：「到底哪裡適合人居住？」這就是我們每個人之所以會有那口井的原因，人都習慣從自己身處的井的角度來看答案，一切都是「點狀式」主觀的看法，都是不夠客觀的——因為上述的觀點並不代表整個美國，整個中國，整個台灣，所以我們一定要飛出自己的井，去看看井外面的真實世界。

想一想，為什麼——
美國是生活的天堂區
中國是工作的機會區
台灣是工作的研發區
有這麼多角色要扮演，更何況又要扮好，相信一定有很多人會說太累了吧？但我們仔細想想如果你這一生的時間歲月都耗費在為困在井底出不來而煩惱！那麼，不如用心花時間找個方法飛出自己的井。

思考你的生命／工作／生活

工作／生活／生命這三者的角色之所以複雜難解，是因生命角色常常被忽略而不談，一般人總認為談生命角色太高調，但事實上不是高調而是我們不會思考。

人一定要先學會「思考」，會思考才會有「思想」；有了思想就有「理念」，有了理念就產生「計畫」，有了計畫就會有「行動」，所以會不會思考決定你未來成就的大小。

會替公司省錢的叫——好員工

會替公司賺錢的叫——優秀員工

會替公司省錢又賺錢再加想法叫——經理

會替公司省錢又賺錢加想法再加冒險叫——老板

我們常會說當時我沒想到這「一點」；常說當時我考慮到這「一點」。我們不妨試試看用不同「角色」去思考同一個問題？會不會產生不一樣的答案？

問題：地球有七十多億人口，資源分配的問題要如何解決？

假設你是個科學家？　可能會想將人類移民到其他星球居住。

假設你是個宗教家？　可能會希望人類減低欲望，不要浪費。

假設你是個軍事家？　可能會發動戰爭來降低全球的人口。

接著，我們不妨再用「工作／生活／生命」三個不同角度來思考另外一個問題？我們來看看王品集團戴勝益先生：

在工作上的成就是值得我們給予他滿分；

在生活上的節約也是值得我們給他滿分；

但在生命的角度我們是不是可以重新思考？——想想看戴勝益先生日行萬步這樣重視養生健康的人，但是王品集團的產品卻是以牛排為主。

我們再進一步用點／線／面／空間來思考：

點狀思考——王品集團，在工作上給員工無憂無慮的生活。

線型思考——王品集團，讓上下游廠商都能生意興旺蓬勃。

面型思考——王品集團，讓台灣消費增加，進一步貢獻台灣GDP。

空間思考——王品集團，影響全球溫室效應及消費者健康的改變。

所以我們可以運用1.「**角色**」；2.「**角度**」；3.**點／線／面／空間**，這三種不同的思考模式多多練習，相信每一個經過思考後的計畫會更周全與創新。

生命角色是工作角色／生活角色動力的來源與方向的指示燈塔，生命角色一旦被確認，它將不會輕易被改變，但工作角色／生活角色卻很容易被改變。

一場金融風暴過後很容易改變了我們在工作職場上的角色，一場婚姻風暴後摧毀、改變了我們家庭夫妻上的角色。但金融風暴、婚姻風暴非但打不垮生命上的角色，甚至生命角色的力量可以阻止金融風暴與婚姻風暴的發生。

因此我們必須將生命角色／工作角色／生活角色三種角色賦與強大動力與新能力，尤其生命角色特別重要，這三個角色如能正確發揮，我們將可享有良好人際關係，優質的工作，美滿的家庭生活。

♣ **Family Power——動力來源定位：**家庭是我們中國人動力增加或減少最重要的關鍵，所以家就成為我們取暖及療傷的最佳地點。

♣ **Human Quotient——能力來源定位：**人都是善變又多變，能掌握人性的變化，就能聚合生命／工作／生活這三個角色所釋放的巨大影響力。

接下來，與讀者們分享一首詩：

《感遇》　張九齡

江南有丹橘，經冬猶綠林。
豈伊地氣暖？自有歲寒心。
可以薦嘉客，奈何阻重深？
運命惟所遇，循環不可尋。
徒言樹桃李，此木豈無陰？

【語譯】

長江以南有一種紅色的橘子，到了寒冷的冬天，仍舊能保持碧綠的枝葉；這難道是那邊地氣溫暖的緣故嗎？其實這種橘樹，自己有耐得住歲寒的本心啊！講到這種橘子，可以進獻給尊貴的客人，可惜路途相隔遙遠，無法讓人欣賞到它的甘美！

我以為一個人的命運，只能隨遇而安；要明白天道往復，不是人們所能尋求的。但是世上的人，都愛種植桃樹李樹，難道這種堅貞的橘樹，不也能青翠長綠有成蔭的一天嗎？

人可以認輸可以投降，但那絕不是我們投胎做人的目的，我們可以受委屈、可以等待，從張九齡這首詩我們不就學到了嗎？只要你想主宰自己，你就可以，張九齡可以成為宰相，我們也一定可以成為自己人生的主人。

突破修行室

Why：認錯才能謙卑，唯有謙卑才能有新視野。

Think：出井為重生，而重生為創造新價值與意義。

How：行萬里路、讀萬卷書，增加知識，建立全球視野。

Human Quotient

出井再戰為傳承

人的生命長短我們無法決定，但生命亮度我們卻可以決定，只要是為下一代傳承而戰，生命所燃燒的亮度就會無限的大！

洛杉磯的九月，輕輕的晚風，在搖曳棕梠樹身影的陪伴下，使得月亮在眼前格外地皎潔明亮，讓我工作三十年疲憊的身心，得到了充分洗滌與寧靜，於是每每夜晚便不自覺地被吸引到陽台，望著遙遠的那一方，似乎在尋找什麼？……

是為母親，是為妻子，是為兒女，是為學生，到底在尋找什麼？……直到那一晚有顆流星劃破了我那困惑複雜的思緒，腦中忽然被撞擊出一個新的訊號——「傳承」，對！是為了「傳承」而尋找新的動力，重新出發再戰。

「傳承」，人們以為個人在歷史長廊下都顯得渺小而微不足道，其實不然！每個人在其一生有限的生命歲月中，盡一切努力希望能在歷史上留下一些生命中可貴的精神或文化給後代子孫，古今中外都是如此，且不斷地在進行著……。

於是「立德，立功，立言」三道光芒，指引了無數東、西方賢能智士努力奮鬥的方向。

幾千年的時光長河中，無數的音樂家／科學家／藝術家／哲學家早已為我們，在思想／精神／靈魂上，呈現偉大豐富而精彩的詮釋。

這孕育幾千年的思想／精神／靈魂上偉大種子，正灑向二十一世紀，身為炎黃子孫的我們，更責無旁貸要肩負這「傳承」的使命……

再戰一次！是為我母親，為妻子，為兒女，為學生！是為我愛的心理學、哲學而戰。

一個人在到達某個高峰後就會有一定的滿足，或是在碰到低潮後也會有一定程度的絕望，於是常常會被「停止」這兩個字牢牢地吸住而不動。

人的心跳可以停止，人的生命時間可以停止，那只不過是軀體上的死亡，而人生命中最可貴精神的文化卻不能枯萎死亡，而是要遠遠長長、世世代代地傳承……

只要有「傳承」，就沒有真正的死亡！

人真正的死亡是指身、心、靈運轉全部歸零，即使人已死亡，但一定有精神層面留給後人，就算是十惡不赦的死刑犯也會留下寶貴的東西——警惕。更何況世上沒有人能在軀體死亡之前，就停止自己身、心、靈上一切的運轉活動，連植物人也辦不到。所以，人不怕戰敗就怕不戰而敗，看看癌症病患的存活也是提供醫學醫藥突破的一盞明燈，人瑞更是讓人類清楚看到長壽ＤＮＡ的演進變化，人只要不放棄任何可以存在的方式，只要有生命存在，就會有生命的價值與啟發。

如今Ｍ型社會已將全球分割成兩個階層，Ｍ型的頂層是每個人所追求嚮往的，然而，是台灣的Ｍ型頂層，是中國的Ｍ型頂層，是美國的Ｍ頂層，是世界的Ｍ頂層，何處才是真正的高峰頂層呢？

所謂Ｍ型社會是以二○％與八○％兩大族群來區分，再以經濟定義來區分就是以年收入來進行判斷與區分；以台灣而言個人年薪達一八○萬的人就是二○％的Ｍ型族群。

這一波M型的巨浪雖然猛，但是孟子早已告知解答：「人之有德、慧、術、知者，恆存乎疢疾。」意思是說困頓的環境可以磨練一個人的德行、智慧、學術、才識，因為能了解災難的本質，才能知道如何化解災難。

邁向M型時代的頂端，最大的吸引力就是權力金錢，「權力金錢」雖然可以帶來喜、樂，卻也容易招來災難，千萬不可讓自己沉溺於權力金錢遊戲之中。子貢問曰：「有一言而可以終身行之者乎？」子曰：「其恕乎！己所不欲，勿施於人。」孟子更說到：「仁，人心也；義，人路也。」所以我們常會說：「多行不義必自斃」，就是這個道理。

再戰一次，飛出自己的井，讓每個生命個體中，醞釀了杜甫「悲壯中的力量」，李商隱「感傷中的愛」，更融入了成吉思汗的「速度中的霸氣」，更有那漢武帝「遠見中的謀略」，所以，再戰一次的本質是那麼多樣而豐富情懷。

再戰的動力本質並非謀求個人的金錢、權位，而是為傳承致力打造一個「向上的人生、和善的家庭、積極的團隊、文化的社會、平和的社會」。

出井的動力在哪裡？

我在上課時，有位學生對我說——

學生：「老師我知道我最近為什麼業績不好，因為這一年我都沒有寄錢回家給我媽媽。」

我問：「那你現在想寄錢回家給媽媽嗎？」

學生：「想啊！」

我又問：「想寄多少回去？」

學生：「二萬元（台幣）」

我又問：「打算什麼時候寄？」

學生回答：「下個月就寄！」

我問他：「想想媽媽收到錢的時候會有什麼表情？」

學生回答：「開心地笑。」

於是，我拍了拍他的肩膀「很好，加油吧！」

三個月後這位學生很開心地告訴我，他的業績收入大幅成長了。

又有一個學生在下課後，紅著眼眶向我鞠躬行禮，她說：「老師，我不會再想和我先生離婚了。我終於明白以前一直都是我太自私了！」

一位年近八十歲的前任扶輪社社長，下了課後緊握我的手，他說：「崔老師上了你的課讓我又充滿了生命力，生命的格局又變大……」

還有很多二十多歲的男性學生也同樣語帶哽咽地對我說：「老師，我找到了生命的重心，找到了工作的意義！」

……好多好多的感動畫面，在我心頭一幕幕輪播著。

回想過往時光，我們窮其一生都在努力讀書、工作，最後的目標就是將銀行戶頭的冰冷數字變多一些，但心中若是只有那單薄的冰冷數字，它所能激起的工作／生活的動力、活力將是多麼渺小與無助，就像一塊小小的磁鐵，吸力有限。但是如果能夠在冷冰冰的數字上加一些分享的溫暖力量，磁鐵將會變大，吸力也會較強；在冰冷數字上如能再加上共享的大愛力量，那磁鐵的吸力將無遠弗屆。

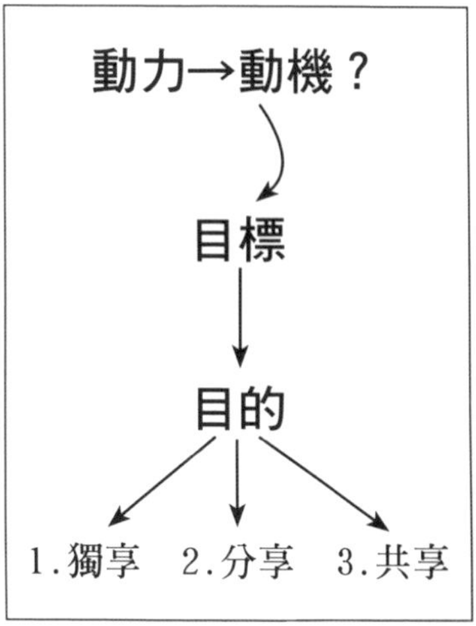

♣**獨享**：將自己的金錢、智慧、體力只留給自己一個人享用——達成目標的動力最薄弱。

♣**分享**：能將自己的金錢、智慧、體力分送給家人、朋友、同學、同事享用——達成目標的動力強度稍強。

♣**共享**：將自己的金錢、智慧、體力分送給不認識的人共同享用——如捐血，捐錢，達成目標動力最強。

Family Power——龍子畫像

Family Power，家是個人成長的動力及力量來源，不論遭受何等的挫敗或苦難，讓人有繼續前進的念頭，最終還是由家庭力量所賦與的，追求讓家人幸福、為家人打拚，即是個人努力的動力來源。

在中國的歷史上「貞觀之治」應該是最優質的治理成果，唐太宗二十三年努力經營的貞觀之治為唐朝創造了四百多年的大唐盛世。唐太宗在貞觀之治中重要的一個理念就是「治安之本，惟在得人」，他將「找到『對』的人」作為安定國家的根本大計，因此唐太宗用了許多被後世讚譽有加的賢仕。

在這些賢仕當中若少了魏徵，唐朝的盛世可能就會有不同的面貌；可見魏徵的想法與見解都是唐太宗治國很重要的參考依據。

在貞觀十四年，魏徵上書曰：「臣聞知臣莫若君，知子莫若父，父不能知其子，則無以睦一家；君不能知其臣，則無以齊萬國」。

因此，唐太宗就非常重視太子諸王的培育問題，由於唐太宗很瞭解太子長年深居於深宮之中，缺乏涉足於民間，不能走入民間，就體察不到人心所想，如此一來在解決社會的問題時就不能站在人民的立場去深入問題，容易造成目光短淺，將來看事與處事的格局就不夠大、不夠廣，自然很難成為好的領導人，若再加上性情嬌寵，仗權勢不遵循法規的行為，如果不加節制將鑄成犯義悖理的大錯。

也因為如此，唐太宗特別重視龍子們的教育，於是尋訪民間賢德之士，教育太子們，如此精心培育下一代，其目的就是要讓貞觀之治優良的品質能延續下去。

「我的小孩為什麼不像別人的小孩那麼努力用功讀書？」

「我的小孩為什麼不像別人的小孩那麼努力打拚事業？」

「我的小孩為什麼不像別人的小孩那麼孝順父母？」

以上這三個問題經常是做父母喜歡掛在嘴邊抱怨的話題，曾經有一次我跟一位六十五歲非常成功的企業家在討論現在的年輕人動不動就喊工作繁重吃不消，態度又不好，這是為什麼呢？

我問了一個問題——在你的腦海中你父親的工作態度如何？他回答說：「記得小時候家裡是開雜貨店的，所以記憶中父親從早到晚都很努力工作，但從未聽他喊累！」頓時他恍然大悟地說：「對了，是『身教』！」

「言教容易，身教難」你孩子的課業問題？事業問題？孝順與否的問題？不是小孩在決定，是做父母的在決定，你的身教決定了孩子是龍？是鳳？做父母的，做主管領導的，請多多檢討自己吧！

海鷗的轟炸

王陽明先生一生的研究將「知行合一」共分三大步驟：一、良知；二、致良知；三、知行合一。

無善無惡是心之體，有善有惡是意之動，知善知惡是良知，
良知良能，愚夫愚婦與聖人同，但惟聖人，能致其良知，
而愚夫愚婦不能致，此聖愚之所由分也。

曾經有一天，我無意間看到一個畫面——

雪白羽毛的海鷗成群結隊地在天空展現舞姿，一群小朋友正忘情地欣賞著，但突然一聲尖叫打破著美好的畫面，接下來看到的是小朋友抱頭鼠竄地在閃躲海鷗的空中轟炸（海鷗的排泄物）。

可想而知，海鷗絕對不會對自己的舉動感到抱歉，更不會道歉，那是因為海鷗的心靈深處不會有一個「良知感應器」。獨享、分享、共享就是我們的良知感應器；自私、小我只會讓我們感應器關閉、停止搜索。香港首富李嘉誠先生令人敬佩的地方就在於其共享、大我無私地努力回饋社會。

這兩年看到許多五十多歲的一些社會菁英分子，雖然他們在分享這個領域已經做得很稱職，但卻看不到更感受不到對共享這塊領域有任何想法與規劃，反而又回歸獨享的退休生活規劃。

共享的力量才能幫助我們跨越人生一切的障礙，唯有再努力的學習出發，愛因

斯坦說過：「絕不要把你們的學習看成是任務，而是一個令人羨慕的機會。為了你們自己的歡樂和今後你們工作所屬社會的權益，去學習……」

成功者與失敗者的工作價值觀，最大的差別在「單數」與「複數」的差別。很多剛出社會的上班族或年輕人會有一個錯誤的觀念，一個人飽全家飽。但如果是用「複數」的價值觀，而工作自然會產生榮譽與責任感。這不是活在別人的期待或眼光，那是一份靈性，每個人都有的，那是一種內在來源的力量。因為社會大多數人的自私與狹隘，長久產生了一個偏差性的「積非成是」的價值觀誤導了我們。只要我們能用複數的價值觀，必然能讓我們一生都充滿靈性的學習，而克服任何困難和幫助眾人。

突破修行室

Why：幫助別人，就是壯大自己的良藥。

Think：井是為自大的人而造的修行室。

How：多幫助不認識的地球另一端的人。

Human Quotient

沒有指針的鐘——自律

天使與魔鬼同時隱藏在我們內心深處，一旦天使勝過了魔鬼那就叫「自律」。

二〇〇六年的第二季以後，我和朋友不斷討論有關經濟的問題，當時我提出了一個論點：美國房地產價格會下跌而且會跌得很兇。

當時我提出這個看法時，絕大多數的人都不認同；但是時間到了二〇〇七年的第一季後，果然美國房地產價格開始滑落，到如今寫這段文字的時間是二〇〇八年一月，美國房地產價格已經是用「慘不忍睹」四個字來形容。

但此時問題已經不是房地產價格下滑這樣單一的問題，而是美國經濟及全球經濟是否衰退的問題。在此我並非要跟各位讀者炫耀我的經濟預測能力，而是想要研究在這次房地產風暴中，人的行為與想法結構的問題。

這次美國的次級房貸經濟風暴隱藏了許多人性的問題。其中房地產衍生性的商品問題不是這次風暴真正的核心關鍵，而是「美國人的金錢消費觀念」才是核心，美國人對物質一直以來就是享樂主義，他們對金錢沒有儲蓄的習慣，尤其是二〇〇七年當時美國人的儲蓄數字是近七十年來最低的一年，也由於美國人的大手筆奢華主義造就了全球經濟繁榮的景象。

二〇〇三～二〇〇六年全球的房地產與股票市場益發走向高峰，於是在盡情享樂的同時通貨膨脹也就悄悄來臨，所有物價統統上漲但習慣花錢的美國人只好將房價上漲的部分向銀行借貸繼續享樂，借貸越多每個月要償還的貸款利息數字就越大，於是在物質變貴，消費變大，而銀行利息也變多，但惟獨不改奢華習慣，以致於壓垮了美國人的經濟。

中國人常講：「由儉入奢易，由奢入儉難。」這句話正考驗著美國人，不知美國是否能突圍這場最嚴苛的陣仗。

「聚財在德」。「德」這個字從廣義及狹義上來看，可以有很多種不同的解釋，但最後道德將在人格特質上是以「自律」這兩個字呈現。美國人的健康問題很嚴重而且已經亮起紅燈，原因是胖子太多；會發胖的主因就是他們沒有辦法自律地去控制自己的食慾，自律地定時運動，所以減肥藥就是不能自律者的解藥。自律就像是沒有指針的鐘，它會自動在特定時間產生行為。

睡眠不正常，飲食不正常，出勤上班不正常，功課作息不正常……，**一切一切不論大人小孩只要跟不正常當了好朋友，一定就會跟「自律」絕交**。沒有自律行為表面看不出什麼特別壞處，一般人對睡眠是否正常都非常輕忽，完全不放在心上，但小事不注意時間久了，它做會變成大問題。我不喜歡把它稱之為壞習慣而把它解釋為「意志薄弱，易受誘惑」。

在女兒的學校門口我看到這麼一句話：「A little thing that makes a big difference.」（小事成就大不同）人所有的大錯之前都是先從小小的改變開始，改變都是起因於自己無法建立一個常規運作的習慣，尤其是內心的常規（道德），所以，利益、金錢的誘惑一直是自古以來改變人類想法與行為的最有效武器。因此美國拉斯維加斯的賭場家數才會越開越多，規模越開越豪華。

從小到大我的父親在我的心中就是永遠不受金錢誘惑的巨人。記得在我國中時，父親當時是一家營建公司負責工程品管的主管，當時有很多的廠商會送禮到我們家，有香菸，有水果……。記得有那麼一次父親當場開了水果籃和一條一條的香菸，赫然發現水果籃和香菸盒裡裝得全都是現金，父親當場就退還給對方。

事後父親告誡我們做人、做事要走正門、走大門，絕對不能走偏門、走後門。雖然父親離開我們已超過了十年，但父親的教誨我始終不曾忘記。也只有經得起金錢誘惑的人才能跨出巨人的第一步。

《商業周刊》有這麼一則報導：

生活節奏三十年如一，基金報酬率，十年第一

靠紀律打造驚人績效的債券大師

內容是說：債券天王葛洛斯雖然在全球債市呼風喚雨，但論起基金操作績效，號稱國際債券大師的丹尼爾．法斯（Daniel Fuss）絲毫不遜色，他靠著由下而上的研究法，精選被低估的公司債，打敗債券天王的操盤能力。

每天凌晨四點二十八分，住在美國波士頓的全球最佳債券基金經理人丹尼爾．法斯不需要鬧鐘就準時起床，他起身走到浴室，洗完澡時是四點四十五分。接著法斯拿出麥片，拌上蘋果及低脂牛奶，開始邊看報紙邊吃早餐。

早上六點零一分一到，法斯步出家門，散步走到一哩外的捷運站，每天搭同一班車，固定坐在最後一節車廂的靠窗位子，到他擔任副董事長的Loomis Sayles資產管理公司上班。

這是現年七十一歲的法斯，過去三十年如一日的生活節奏，在每個時間點精準的起床、出門、搭車，絕不會晚一分鐘，也從不提早。

這就發揮了「複數」價值觀的力量，法斯先生已經不是為自己的金錢多少而努力，而是為了幫助客戶。他將客戶給他的信任轉化成責任，把客戶的利益擺在第一順位，而把自己放在第二，這就是他內心的心靈轉動器在驅動他的一切行為，所以他可以不用鬧鐘，就能自律地三十年如一日開心快樂地工作。

突破修行室

Why：羅馬不是任何人一天可以造成的。

Think：成功失敗的仲裁者名字叫自律。

How：重複再重複，做對的事絕不要回頭。

Chapter

2

出井的方法——HQ

Human Quotient

Human Quotient

Human Quotient

人的內心深處是渴望被了解。正所謂：話不投機半句多，酒逢知己千杯少。千里馬要有伯樂的慧眼，HQ能讓你成為別人的「知己」、「伯樂」。

ＨＱ（Human Quotient）它是一個方法，教你如何掌握人性的五大關鍵能力，是一種系統化的能力，將幫助我們飛出自己的井，除了能看到井外的新世界，更賦與自己新的生命體；ＨＱ總共分成五個步驟（請看下頁圖示）：1.Insight（**透視力**）；2.Guiding（**導引力**）；3.Imagination（**想像力**）；4.Charisma（**魅力**）；5.Impact（**影響力**）。請不要將這五個能力的順序任意更動；ＨＱ是筆者在教學上、

Human Quotient

❶ Insight（透視力）
❷ Guiding（導引力）
❸ Imagination（想像力）
❹ Charisma（魅　力）
❺ Impact（影響力）

生活上，歷經十三年時間，進行五千場演講及培訓課程，經過驗證所得到實際又有深度的好方法。

ＨＱ從老年人到兒童，無論任何人都適用，職場上無論是企業體或個人都能在銷售／管理／領導這三方面創造了驚人輝煌的績效。

ＨＱ的理論核心是以東西方的心理學／行為學／哲學為架構，取材自——

西方：蘇格拉底（Socrates）
佛洛依德（Freud）
馬斯洛（Maslow）
Neuro-linguistic programming（NLP神經語言學）

東方：老子

孫子兵法
四書
唐詩
我們以林書豪為例——

♣ **基本條件：**一分鐘旋轉八七五度／跳投出手〇．六秒／跳投出手角度五十度／前三步奔跑速度時速二十六公里。

♣ **單一能力：**三分跳投能力／傳球助攻能力／搶籃板球能力／抄截快攻能力。

♣ **系統化能力：**Lingroup也就是林書豪他能透視每一個人優良的單一能力，導引團隊中每個人發揮極限，進而再聚合每一股的力量來贏取勝利。

林書豪的基本條件及單一能力雖然都不是NBA最優秀，但他內心對自我及團隊人性的掌握卻是無人能及，所以說掌握人性才是發揮系統化能力的關鍵。

以經理人才為例——

♣ **基本條件：**學歷／專業證照／努力／道德

♣ **單一能力：**口才好／做人好／銷售強

✤ **系統化能力：**組織團隊協調／整合／聚合能力

有很多人在基本條件單一能力上都表現得很強，但是就是無法成為優秀的經理人，答案就在於他們對自我及團隊人性無法掌握。**掌握人性就是發揮系統化能力的關鍵**，ＨＱ這套系統化能力就可以幫助我們，將良好的基本條件及優良的單一能力串連起來，調合運轉出一股驚人的力量，成為站在Ｍ型時代頂端的菁英。

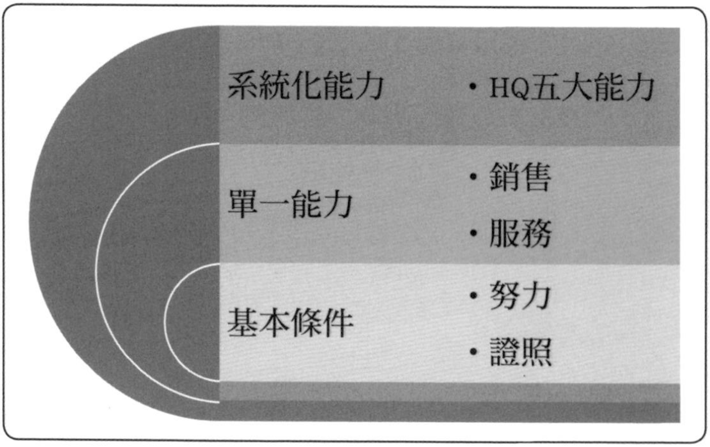

Human Quotient

Insight—
透視力

透視的目的是為了幫助對方（任何一個人），找到前進的證據與方向。
前進的證據與方向，它的名字叫：「價值觀」。

如果你想透視別人，就不要存有自我主觀的想法，而是要以對方的想法為想法。

我們每個人都是一面鏡子，能真實而完整地呈現對方。

前美國聯準會主席——葛林斯潘先生（Greenspan），曾在《The Age of Turbulence》這本書中有這麼一句話：「We rarely look closely at that principal operating unit of economic activity: the human being. What are we?」由此可見葛林斯潘先生要告訴我們，無論做任何的事都必須學會透視「人」。

但是，透視人又談何容易，人不論是外在或內在，常常看似相同卻往往是差異很大，甚至來自同一個背景家庭，或是同一時代背景成長的人，所呈現出來的人物特質依然是南轅北轍。

就如唐代的兩位大詩人李白與柳宗元，用同樣的素材（山水、舟、動物），生活在同樣的時代背景，詩的意境風格所呈現出來的卻是完全不同的，一個是快樂，另一個卻是沉重的孤獨。

我們來看看以下這兩首詩：

《下江陵》　李白

朝辭白帝彩雲間，千里江陵一日還
兩岸猿聲啼不住，輕舟已過萬重山

《江雪》　柳宗元

千山鳥飛絕，萬徑人蹤滅

孤舟簑笠翁，獨釣寒江雪

美妙的詩句不論是七言絕句，或是五言絕句，除了文字的本身會讓我們得到心情的抒發，也讓我們彷彿置身在那幅美麗的畫中，尤其是那「獨釣寒江雪」中那浪漫而孤傲的情懷，「人蹤滅」與「鳥飛絕」，更是寧靜中的寧靜。

在這兩首詩中除了美麗的寧靜與孤傲之外，我們是否還可以探索出其他的方向？換個角度來追尋詩人本身是否真的是在「無病呻吟」？不妨從現代的觀念來檢驗。李白是活到六十一歲；王維活六十歲；杜甫活五十八歲；柳宗元活四十六歲；李商隱活四十六歲。

這些詩人真的是逃不開「天妒英才」的宿命？或者真的是人生七十古來稀？還是當時醫學不夠發達？不對吧！看看同樣是唐朝的大詩人白居易卻能活到七十五歲，韋應物甚至能活到九十歲的高壽，在這裡並非要跟各位討論生命的長短，而是要探索我們可否從詩人的身上再找到其他未曾發現的寶藏？

透視不等於觀察

「透視」有別於觀察，**透視是較為細膩、較有深度，也難度較高**。

玻璃與鑽石有何不同？銅與黃金有何不同？你可以用肉眼判斷嗎？還是需要用儀器？不論用什麼方法一定會找出答案！那就是兩者之間是「成份不同」。

我們在分析一個人免不了會判斷錯誤，就是因為我們把臆測對方的想法的方向給想錯了，當然也就抓不準他下一步會怎麼做，所以了解對方心裡的想法就能預測他下一步的行為與做法，第一步「透視成份」的能力就成了透視的關鍵：

「想法便是成份」

「行為已是成品」

我們會發現生活周遭有很多人為別人做了很多的事，付出了很多的心血卻一點效果都沒有達到，以致造成自己沒有影響力、沒有魅力。其實這些都是行為不當所造成，但導致行為不當的是成份（想法）不對，是源自於你與對方的想法沒有聯結上。

《涼州詞》

王翰

葡萄美酒夜光杯，欲飲琵琶馬上催，
醉臥沙場君莫笑，古來征戰幾人回？

詩中的這位將官到底是貪杯造成懼戰還是懼戰造成貪杯，這兩種可能性都應存在，差別就是兩者之間成份比例多寡。

筆者曾在網路上看過這麼一個故事：

有一位單身女子剛搬了家，新住處的隔壁住了一戶窮人家，一名寡婦與兩個小孩。有天晚上，那一帶忽然停電了，那名女子趕緊找到蠟燭，點了起來。沒一會兒，就聽到有人敲門。

原來是隔壁鄰居的小孩子，只見他緊張地問：「阿姨，請問妳家有蠟燭嗎？」

女子心想：「他們家竟窮到連蠟燭都沒有？千萬別借他們，免得被他們依賴了！」

於是，對孩子吼了一聲說：「沒有！」正當她準備關上門時，那窮小孩竟展露關愛的笑容說：「我就知道妳家一定沒有！」說完，竟從懷裡拿出兩根蠟燭，說：

「媽媽和我怕妳一個人住又沒有蠟燭，所以我帶兩根過來送妳。」此刻女子內心十分自責、感動得熱淚盈眶，將那小孩緊緊地擁在懷裡。

所以透視本身的難度不僅是透視對方，更重要的是透視自己。

透視的精神本質上是主動並非被動。然而，人總是會在一定收入以後，在一定的年歲過後，在一定的職位之後，一定的角色上，便停止透視。變得習慣性地等待別人來向他報告，等別人主動來告訴他。

透視是一種蒐集的行為，更是一種研究的精神。既是邏輯的推演，更是科學上統計的驗證。是一種經驗累積，是智慧的結晶，是美的欣賞，也是危險的探索。

過度主觀或過度客觀，都很難掌握對「人」真實而透徹地掌握與了解，讓你陷入理性與感性的戰爭中。

人類是一種多變、善變，隨時都在改變的靈性動物，既然是靈性而多變，於是在東西方無數心理學家、哲學家長期不斷地努力研究之後，他們找到一個可以一致認同的靈性轉動器：「價值觀」。

我們一切的行為（成品）來自成份（價值觀）的改變與調整，但「價值觀」這部靈性轉動器隨時會偵測外在環境的訊號，一旦接收到訊息後就會驅動肢體進一步做出行為反應。

而這部靈性轉動器（價值觀）是否能具體而清楚地把它呈現出來？答案是可以的。

靈性轉動器：「價值觀」

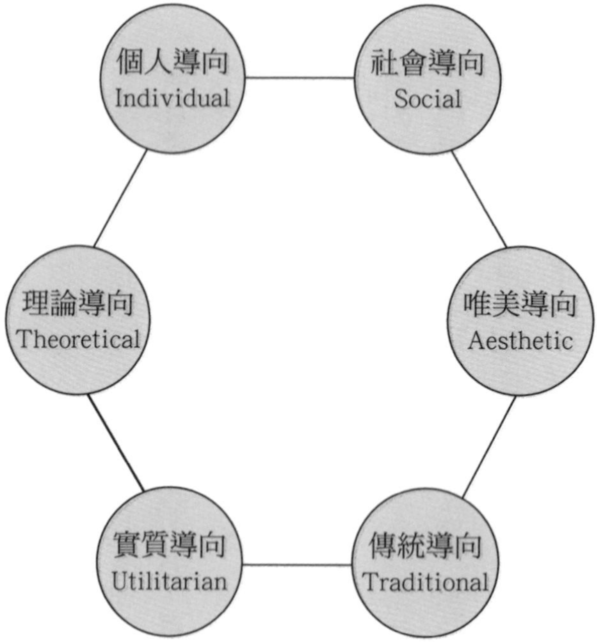

TTI價值觀定義註解

在二〇〇四年Legacy開宇成長學機構向美國TTI這家公司簽下台灣「價值觀健診」代理權之後，經過很多的教案之後效果真是驚人！請見上圖：

認識一個人的態度有助於我們了解「為何」這個人會選擇做某些事情。

從審核一個人的經驗、

履歷、學歷和訓練背景，有助於我們了解這個人能夠做「什麼」工作。而行為評估則有助於我們了解一個人在工作環境中，是「如何」處事應對。個人興趣、態度和價值觀應對照六種基本興趣與態度來評估，檢示這六項對一個人的相對價值，指的就是這六項興趣或態度對某一個人而言的相對重要性是如何。

這六種基本興趣或態度分別是：理論導向、實質導向、唯美導向、社會導向、個人導向和傳統導向。

態度有助於驅動一個人的行為，由於態度並不容易被觀察到，因此也被稱之為隱藏動力。

透過價值觀健診而得出的這份TTI系統報告的作用在於闡明和詳述促進動力的一些因素，以及加強和升級每個人可以帶到工作環境的長處。

以下簡單介紹一下這六種基本興趣或態度——

☘ 1.理論導向（THEORETICAL）

這種價值觀的基本驅動力是探求真理。因為要追求這種價值觀，一個人會採取

「認知」的態度。通常這種類型的人對於事物的美感或效用不會進行批判，只會觀察和找出原因。由於理論導向者講求經驗、判斷和理性，這會使他們看來像個學者。事實上，他們做人的主要目標是要讓知識有條理和系統化——也就是為了知識而追求知識。

♣ 2.社會導向（SOCIAL）

如果在這種價值觀得到高分的人，天生就比較偏於博愛型。社會導向者是重視其他人的，因此他們是善良、富同情心和無私的一群。他們可能會覺得理論導向者、實利導向和唯美導向都太冷漠和不近人情。與個人導向者比較，社會導向者認為幫助其他人是人與人之間唯一合適的人際交往模式。針對這種價值觀最單純形式的研究發現，社會導向者是無私的。

♣ 3.實利導向（UTILITARIAN）

實利導向的得分顯示一個人對金錢和實用的東西具備獨特興趣。這代表一個人希望得到保障，而這種保障不單是為了自己，也是為了現在和未來的家庭。這種價值觀包括商業世界裡的實際實務，例如是商品製造、推廣和使用、實質財富的累積。類似一般典型的美國人，實利導向的人完全講求實際。在這個部分得分較高的人較需要也喜歡在財富上超越他人。

♣ 4.傳統導向（TRADITIONAL）

這個價值觀最關注的是「一貫性」、「秩序」或「傳統模式」。在這個價值觀得到高分的人會尋找生活的形式。這種形式可能存在於宗教、保守主義或其他附有權威的群體，因為這種形式對生活有確定性的規則、法規或原則。

♣ 5.個人導向（INDIVIDUALISTIC）

這種價值觀最關注的是權力，但不一定與政治有關。經研究發現大部分行業的領導者都非常重視權力。由於競爭與掙扎在人生各方面扮演著重要的角色，因此很多哲學家認為權力就是最普遍和基本的動力。然而某種個性使某些人最渴望能直接表達這種動機，他們尤其希望得到個人的權力、影響力和名聲。

♣ 6.唯美導向（AESTHETIC）

在唯美導向方面得到高分，他們代表對「條理和諧」有較大的興趣。這種人會以是否優美、勻稱或恰當來判斷每個經驗。對他們來說，人生也許是一連串的事情，而每件事情都有值得享受的原因。在這方面得分較高不一定代表擁有創造力的才華，但肯定對人生中具有藝術感的片段有基本興趣。

價值觀——標準與比較

多年來，你已聽過像「各適其適」、「各取所需」及「各行其是」等話。其實，當你被一些行事態度與你相近的人包圍著，你很容易就能融入這個群體，並會感到活力充沛。相反地，假如你的態度跟身邊的人截然不同或是格格不入，你可能會被視為主流之外的異類，而這些不同甚至會引起壓力或衝突。當你遇上這種情況，你可以有以下四個選擇：

1. 改變情況
2. 改變你對這種情況的感覺
3. 保持現狀
4. 適應現狀

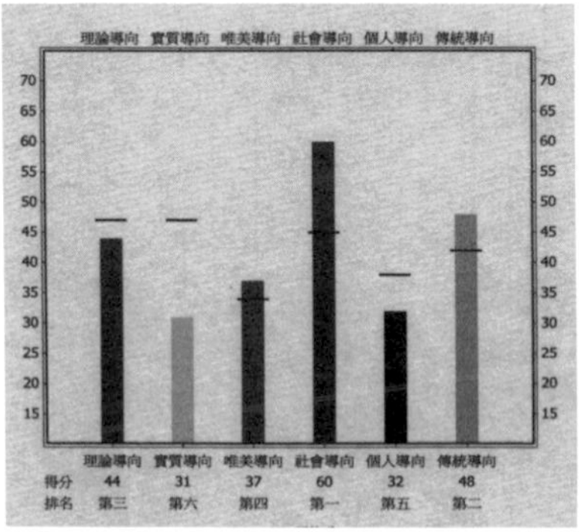

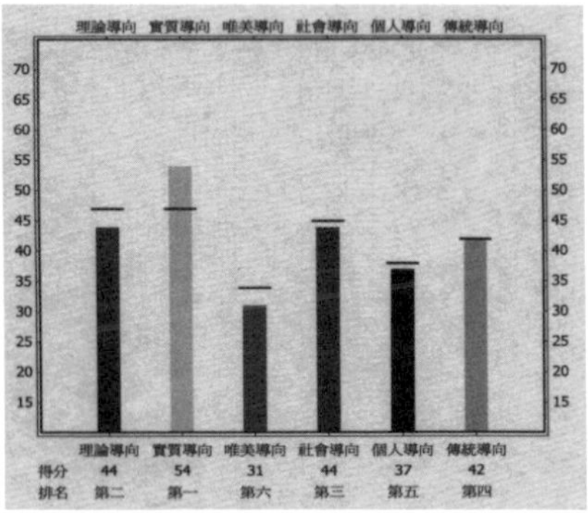

邵夢珏（Joyce Shaw）　　崔沛然（Tsuei Jeffrey）

以上報告中的圖中的黑色線條—是屬於主流意見，這代表68％人口的想法。

比主流分數高出越多分，便代表有越多人認為你對某種態度比一般人更熱切關心；比主流分數低越多分，則代表有越多人認為你對某種態度漠不關心，甚至可能存有負面看法。

崔沛然（Tsuei Jeffrey）

理論導向	主流
實質導向	主流
唯美導向	主流
社會導向	主流
個人導向	主流
傳統導向	主流

邵夢珏（Joyce Shaw）

理論導向	主流
實質導向	漠不關心
唯美導向	主流
社會導向	熱切關心
個人導向	主流
傳統導向	主流

一佔人口比例68%

主流——平均分以上或以下一個標準差範圍之內

熱切關心——比平均分高兩個標準差

漠不關心——比平均分低兩個標準差

極端——距離平均分三個標準差

了解報告

這份TTI系統報告會根據你的喜好，排列你對這六種態度的優先次序。排行最高的兩種或三種態度能夠驅使你採取行動。當你透過說話、聆聽或其他活動滿足你的首要態度時，便會感覺到活力的提升。

在此你將得知你對這六種態度的感受是屬於以下三種不同強烈程度的哪一種。

非常重視——反應你需要在工作或工餘時間得到滿足的正面感受。

情況而定——反應你由正面至漠不關心等的感受。這是要視你的人生中其他優先項目是否已被滿足而定。假如你的首要態度已獲得滿足，這些態度也傾向於變得更加重要。

無關緊要——反應你對排列第五或第六的態度並不在意。

以前頁筆者自己的報告顯示，崔沛然的六種態度的順序如下：

第一：社會導向非常重視

第二：傳統導向非常重視

第三：理論導向視情況而定

第四：唯美導向視情況而定

第五：個人導向無關緊要

第六：實質導向無關緊要

接下來，就針對筆者（崔沛然）和太太（邵夢珏）所做出來的ＴＴＩ報告，進行說明與比較。

社會導向

在這種價值觀得到高分的人，天生就比較偏於博愛型。社會導向者是重視其他人的，因此他們是善良、富同情心和無私的一群。他們可能會覺得理論導向者、實利導向和唯美導向都太冷漠和不近人情。與個人導向者比較，社會導向者認為幫助其他人是人與人之間唯一合適的人際交往模式。針對這種價值觀最單純形式的研究發現，重視社會導向的人是無私的。

◆二人的社會導向比較

崔沛然（Jeffrey Tsuei）	邵夢珏（Joyce Shaw）
＊Jeffrey 會責怪制度多於個人，並會努力改變制度。 ＊有機會找到一個情況的正面結果，會讓他有活力去解決其他人所面臨的問題。 ＊消除世界上的仇恨和衝突是 Tsuei Jeffrey 的熱忱之一。 ＊Jeffrey 能夠與那些受到傷害的人有同身感受。 ＊他能夠憑直覺察覺到有需要幫助的人，並會施以援手。 ＊針對管治人的法規，他會宣揚公平的原則。 ＊在商業上，他希望每個人的錢都能獲得相對的最高價值。 ＊他所關注的是希望其他人享受經典作品，並且協助保留給下一代分享。 ＊Jeffrey 會有一些主義或主張，雖然他明知無法贏得認同，但為了滿足他內心的需要，即使這些活動無法成功，他也會迫使自己繼續嘗試。 ＊假如 Jeffrey 認為會傷害到彼此關係，他會避免衝突。	＊Joyce 肯定會嘗試幫助個人或組織克服困境，但前提是這些人或組織必須跟她有共鳴。 ＊她是否選擇助人（即使會對自己不利），或決定不給予幫助，這完全會因人而異。

傳統導向

這個價值觀最關注的是「一貫性」、「秩序」或「傳統模式」。在這個價值觀得到高分的人會尋找生活的形式。這種形式可能存在於宗教、保守主義或其他附有權威的群體，因為這種形式對生活有確定性的規則、法規或原則。

◆二人的傳統導向比較

崔沛然（Jeffrey Tsuei）	邵夢珏（Joyce Shaw）
*應用已確認的程序比隨機更正作業方式更加重要。 *他會根據他個人的生活規則評估別人。 *他對自己的意見有很強的信念。 *Jeffrey 喜歡一貫性和秩序化、規律化的生活。 *Jeffrey 會依自己的良心為指引。	*Joyce 需要可以自由地選擇傳統的生活形式和她願意遵守的信念。 *Joyce 有時候會根據她的生活規則評估別人。 *Joyce 會依自己的良心為指引。 *她會堅持自己感到自在的信念制度；假如她對某一信念制度沒有興趣，她便不會堅持那信念和看法。

理論導向

這種價值觀的基本驅動力是探求真理。因為要追求這種價值觀，一個人會採取「認知」的態度。通常這種類型的人對於事物的美感或效用不會進行批判，只會觀察和找出原因。由於理論導向者講求經驗、判斷和理性，這使得他們看來像個學者。事實上，他們做人的主要目標是要讓知識有條理和系統化：就是為了知識而追求知識。

◆二人的理論導向比較

崔沛然（Jeffrey Tsuei）	邵夢珏（Joyce Shaw）
*假如Jeffrey真正對某門學科有興趣，或是知道有關知識是到達成功不可或缺的，那麼他便會主動深入研究這門學科。 *Jeffrey通常會有足夠的數據支持他的信念。 *在Jeffrey特別感興趣的範圍裡，他擅於整合過往的知識來解決現在的問題。	*當身邊的人都能分享她對知識的興趣時，特別是那些有相近信念的人，Joyce會感到安逸與自在。 *Joyce有潛在的能力成為她所從事的領域的專家。

崔沛然（Jeffrey Tsuei）	邵夢珏（Joyce Shaw）
＊假如對一門特定學科的知識並不感興趣，或是覺得不一定要學會它才能成功，Jeffrey會傾向於倚賴他的直覺或實用的專業資訊。 ＊Jeffrey會根據他的個人情況所需去追求知識。 ＊Jeffrey有潛能成為他所選領域的專家。 ＊能夠挑戰知識的工作會增加Jeffrey的工作滿足感。	＊Joyce擅於整合已有的知識以解決面對的問題。 ＊對Joyce而言，一個能夠挑戰知識的工作，是一份稱心如意的工作。 ＊她通常會以數據支持她的信念。 ＊要是有好書在手，她或者會愛不釋手。

唯美導向AESTHETIC

在唯美導向方面得到高分的人，代表他們對「條理和諧」有較大的興趣。這種人會以是否優美、勻稱或恰當來判斷每個經驗。對他們來說，人生也許是一連串的事情，而每件事情都有值得享受的原因。在這方面得分較高不一定代表他們具有創造力的才華，但肯定對人生中具有藝術感的片段有基本興趣。

◆二人唯美導向比較

崔沛然（Jeffrey Tsuei）	邵夢珏（Joyce Shaw）
＊Jeffrey也許渴望他的配偶或家人得到美好的東西，但卻不太關心他與人的關係的深淺。 ＊他可能對某種美感特別有興趣，例如，他可能欣賞山水的自然美態，但對畢卡索或倫勃朗的名畫卻不太熱衷。 ＊有時候Jeffrey會尋找所有事物的美態。 ＊欣賞美的需要因人而異，不能將他周圍的整個世界都歸納在是否美之內。	＊她希望以實際的方式對待事物。 ＊Joyce不一定擔心或關心身邊環境的條理和美態。 ＊一種東西的用途比它的美感、條理與和諧來得重要。 ＊令人生厭的環境無法激起她的創造力。 ＊她講求實際，對於是否與她身邊的環境取得和諧並不敏感。 ＊理智上，Joyce看到美的重要，但要購買人生中較美好的東西卻不是一件容易下手的事。 ＊Joyce生命中的熱情會顯示在這份報告的其他一種或兩種態度或價值觀中。

實質導向

實質導向的得分顯示一個人對金錢和實用的東西具備獨特興趣。這代表一個人希望得到保障，而這種保障不單是為了自己，也是為了現在和未來的家庭。這種價值觀包括商業世界裡的實際實務，例如是商品製造、推廣和使用、實質財富的累積。類似一般典型的美國人，實質導向的人完全講求實際。在這個部分得分較高的人較需要、也喜歡在財富上超越他人。

◆二人實質導向比較

崔沛然（Jeffrey Tsuei）	邵夢珏（Joyce Shaw）
*他是以內心的信念激發動力，而不認為需要以物質取悅他人。 *他會追求讓他感到自在的生活水平，並會努力維持這個水平。 *他沒有擁有大量金錢的巨大需要。 *過分強調金錢的價值會使Jeffrey感到沉悶和使他失去興趣。	*Joyce擅於達到目標。 *評價事物時，她會注重用途和經濟回報 *可能以財富作為衡量她工作該多努力的標準。 *懂得如何貫徹始終地實現目標讓她從而累積物質財富。

* Jeffrey不會用金錢來提升別人對他的印象。
* 金錢和物質財富並非Jeffrey的優先目標。
* Jeffrey不會受到他認為是過度的物質目標而動搖或激發動力。
* 對Jeffrey而言，財務保障並非是個迫切的需要，卻是一個長遠的目標。
* Jeffrey會接受他的財務狀況，並不力求改變。
* Jeffrey會利用他的金錢以滿足他的真正動機。

* Joyce擅於結合過去及現在的經驗，使她很容易實現將來的目標。
* Joyce往往會不受拘束地利用時間和資源，但也希望和期待她的投資能取得相對的回報。
* 她會長時間努力工作以滿足她的需要。

在我（Jeffrey Tsuei）及我太太（Joyce Shaw）的TTI價值健診的圖型及說明中，可以發現我們之間有一點最大的相異之處，就是「實質導向」的不同。

所以在我與Joyce（以下都以Joyce稱呼）結婚之後在工作上發生了許多的衝突與爭執，但在透過TTI報告的了解與幫助之後，我們在夫妻相處與公司運作上都得到了更好的調適與發展。

有這麼一句話是這樣說的，夫妻或朋友「是因為誤會而結合，因為認識而分開」這句話是一體兩面的，就像一個銅板，白晝與黑夜，高跟矮，……永遠都是並存，說穿了就是因不同角度的認知才會演進出不同的認知。

我與Joyce在創業開公司初期，常常都在一個新的計畫上有很大的差異性想法。例如，在目標達成上我的想法都是做長期計畫，但Joyce卻認為那是不切實際的作法，Joyce總是希望在每月與每週得到精確的達成率。

長期理想與短期目標中發生了爭執與衝突，但就在此刻TTI報告給了我們重新的認知與做法，透過報告我們明白，其實我們兩人都對，只是在目標達成時間點上不同而已。

在重新出發之後我們的分工做了重新分配，我負責計畫；Joyce則負責執行，從此之後公司的月、週目標不但都能達成外，我們更進一步做到每日目標的達成。

透視力之核心技術——視覺、聽覺、觸覺

李白的詩、蕭邦的鋼琴，同樣會讓人進入一個浪漫而美麗的境界，李白是透過文字（視覺）的呈現讓我們感受到浪漫；而蕭邦是透過琴聲（聽覺）傳遞浪漫，豐富我們的感情。一個是視覺，一個是聽覺，同樣都會讓我進入一個美妙的世界。

電影，電視，音樂，一直都是大多數人娛樂的主要項目，甚至是唯一的選項。

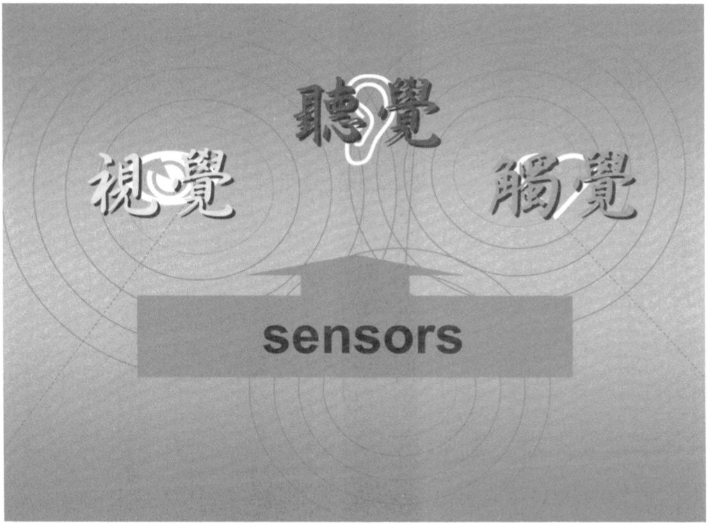

大多數人都是視覺型與聽覺型動物，耳語傳遞的速度驚人，三姑六婆實在功不可沒，而報紙八卦新聞的力量已取代所有話題版面。

子曰：「君子不以言舉人，不以人廢言」。

韓信更用「四面楚歌」大敗項羽的楚軍。

孟子：「觀水有術，必觀其瀾」

視覺與聽覺都有其優點也有缺點，但加上觸覺就可強化其完整性。

孟子：「孔子登東山而小魯，登泰山而小天下。故觀於海難為水，游於聖人之門者難為言。」

孟子所說的和今天大家一直強調的國際觀是同樣的道理，也像行萬里路勝讀萬卷書。多數人看書只停留在視覺文字的表層意思，卻無法啟動聽覺與觸覺進入更深層的意義。

孔子、韓信他們觀察事物卻都同時啟動視覺、聽覺、觸覺，否則韓信就不會運用楚歌（聽覺），來啟動楚兵思鄉、返鄉之情，進而無心（觸覺）再戰。不登東山，不登泰山豈不成了「井底之蛙，坐井觀天」？

觸覺有點類似現在大家所說的「直覺、感覺」，但直覺、感覺不夠具體與系統化。有人常說他是一個好人？他是一個壞人？這樣的表達往往會過於主觀、片面，不夠客觀，甚至造成自己的豐富經驗與智慧無法被有效地複製與傳遞。

那麼，好人？壞人？是怎麼區分的呢？

是他穿著衣服的顏色？

是他衣服款式造成的嗎？　是他的表情誇張？

是他沒有反應的表情？　是他肢體動作的擴大？

是他的肢體僵硬？　是眼神不夠專注？

是講話聲音太大太小？

是講話聲音速度太快？

是講話語氣不對？

是講話內容不實際？

是講話時間太長？

我們一定要習慣將視覺、聽覺所蒐集到的資料系統化傳送給觸覺，經過視覺、聽覺、觸覺，一起混合之後的大腦就會產生Mental Power（**心智的力量**）。

各位讀者至此一定很心急，想知道自己的價值觀導向究竟是什麼情形，筆者現在教各位一套簡易的自我分析，你也可以立即對他人進行判斷：

再強調一次，我並非要跟各位討論價值觀與行為之間的錯與對，而是希望讀者從行為價值觀中去瞭解和掌握對方的想法與做法，進而創造與經營一個美好人際關係。

通常以負面的缺點觀察作為依據判斷一個人的行為價值觀，是比較容易的，在大多數教案中實質導向高的人較多，因此我們先從實質導向來進行分析：

♣ 實質導向高的人：

1.以錢作為衡量的標準，讓人覺得↓**很現實**

2. 以效率數字為衡量標準↓**咄咄逼人**
3. 以短期對自己是否有利為標準↓**欠缺耐心**
4. 講話表達太直接↓**容易刺傷人**

♣社會導向高的人：

1. 以幫助人為衡量標準可能是↓**濫好人**
2. 數字的觀念較不清楚，講話會↓**長篇大論**
3. 考慮事情傾向以長期為例，易造成↓**不切實際**

♣唯美導向高的人：

1. 以外表為主的↓**主觀**
2. 喜歡與人保持美的↓**陌生距離**
3. 對人內在的觀察很細膩但太↓**吹毛求疵**
4. 凡事都太追求↓**完美**
5. 太抽象↓**不具體**

☘ **傳統導向高的人：**

1. 愛家庭、愛子女，因而↓**人際關係狹窄**

2. 工作以服從、接受指令為主↓**欠缺彈性創意**

3. 對美的事物↓**不夠敏銳**

4. 周遭人的壓力會來自↓**道德觀太強**

☘ **個人導向高的人：**

1. 對周遭一切的↓**掌控慾望太強**

2. 聽不進別人的意見↓**我行我素**

3. 講話溝通大都是↓**命令的口吻**

4. 喜歡打壓別人，尤其↓**手勢太多**

☘ **理論導向高的人：**

1. 凡事都少了↓**感性美感**

2. 知識造成↓**排他性強**

透視圓舞曲

人生是什麼？活著又是為了什麼？什麼是快樂？每個人都在追求自己的快樂，每個人追求快樂的定義不一定相同，就如同我在第一本著作《ＨＢＤ成長方程式》中，室內設計師、毛衣出口商、輪胎店老闆、空服員、長笛音樂家，都一直在追求快樂與工作平衡點。

快樂的平衡點是多麼地難以被發現，也許是因為它藏在內心黑暗且深的底層，這天（12.19.2007）有這麼一則新聞，十歲女孩為情所困而跳樓身亡，這個十歲的小女孩在父母多次勸說之後，受不了來自家庭及社會的壓力，最後選擇輕生，一顆單純追求快樂的心變成了殺害自己的利刃。

黑暗深淵不為人知的祕谷往往就是快樂隱身之處，追求自我的快樂是人生目標，但如能運用透視力的核心技術（視覺、聽覺、觸覺）協助他人找到快樂的價值所在，就是是一件更美好的事。

透視有別於觀察，但它是經過第一步表面觀察的收集與統計，再進一步經由邏輯的分析與運算，而這種透視邏輯是要藉由你使用視覺、聽覺、觸覺三種不同角度所搜集來的資訊後，孕育所產生的一種具有深度與層次的能力。

Test Question

透視力測驗題

- □ 1.常常猜對方的身高？體重？
- □ 2.觀察對方服裝與髮型的對稱性（色彩與款式）？
- □ 3.注意眼神的力道與轉動的方向改變？
- □ 4.聽到對方口中常提的人是誰？
- □ 5.習慣搜集對方的運動習慣與興趣？
- □ 6.能聽得出來對方講話的速度與節奏的改變？
- □ 7.會留意觀察對方客廳或辦公室擺的照片？（是獨照還是合照）
- □ 8.注意到對方客廳或辦公室擺的畫？（是水墨？是油畫？是寫實？還是抽象？）
- □ 9.感受到對方願意為哪一個人？哪一件事而付出？

Human Quotient

Guiding——導引力

以對方的價值觀為價值觀所架設的前進軌道，當對方沒有價值觀時，可以以HBD法則幫助對方尋找、建構，導引對方之前必須先學會自我導引。

衝突、爭執、破裂，這是人與人之間在相處上很容易發生的，尤其是越親密或是工作關係越緊密的人發生的頻率就越高。

工作夥伴因為對彼此的求好心切，朋友交往的坦誠相見，夫妻間彼此相愛，父母與子女之間的望子成龍、望女成鳳，這一切一切的行為，都是因為在自己的付出之後，希望能得到自己預期的效果，但往往在「人生不如意十之八九」的魔咒靈驗之下，如意的「一、二」還沒來得及出現，往往狀況就已經失控或被破壞殆盡。

在一般的認知下，衝突、爭執、破裂的產生，都因不同的價值觀所造成，**人其實都在追求同一範圍內的價值觀——Happy，Beatuy，Doaller**。

就以選擇最佳住所來說：銀髮族的老人們選擇居住的環境最好是離醫院近一點，年輕的父母希望選臨近好學區，未婚年輕人希望居住環境能依山傍水，好不浪漫。但是一旦年輕夫婦有了小孩，他們的選擇就會捨棄依山傍水的條件而改選學區，當他們由中年邁向老年後，住家的選擇也轉向了醫院附近。

可見，價值觀絕非一致性或一成不變的，價值觀的組成是綜合且複雜的，會因為誘因、時空背景的改變而有所調整與改變，不能因為這樣就說它是深不可測。

呈現的時間點比例、比重，是掌握價值觀最重要的關鍵，因此千萬不要用定型化的方式來評估自己個人或是他人。

以下舉筆者的親身經歷與各位分享。

會飛的鮭魚

「爸爸，我肚子痛今天不想上學了！」這是我兒子Timothy在幼稚園中班時丟出的第一個問題……

猜猜看，我是怎麼處理這個問題？

我的回答是：「好吧！」於是我帶著Tim坐上汽車先逛一下我們居住的民生社區。一上車首先我們經過一間早餐店，我問Tim：「你長大後要做三明治早餐店的老闆嗎？」Tim回答：「我不要。」接著我們看到正在撿垃圾的楊伯伯，我問他：「那你長大後要學楊伯伯撿垃圾嗎？」Tim回答：「我不要！」沒多久，我們又經過一家西餐廳，我又問他，「那你想當餐廳老闆嗎？」Tim又回答：「我不要！！」

於是我反問Tim：「那麼，長大之後到底你想做什麼？」以一個幼稚園中班小孩的回答，當然是「不知道！」

此時我告訴Tim：「如果你不讀書，你的將來你是無法選擇的，到那時你想做什麼？並不是由你來決定的。但是如果你能把書讀好了，你就可以選擇你喜歡做的事！」兒子想了一想，說：「好吧！爸爸我們去上學吧！」

從那之後，兒子不再說肚子痛不想上學了之類的話。但日子沒過多久，Tim又反應他不想學英文，他說好難，他不想學英文。

當時我一時也不知道該怎麼處理，只好暫時放在一邊不處理。但就在同年的暑假我們要去洛杉磯玩，在候機室裡Tim突然跑來問：「爸爸，飛機那麼大一架，它怎麼飛得起來？」我突然想起Tim不想學英文的問題，立即連結到有方法處理了，於是我告訴Tim：「待會兒我再告訴你答案。」

過了不久，機長從我們身邊走過，我用手指著機長說：「Tim你看！就是那個肩上有四條橫線的叔叔，他能讓飛機飛起來！」Tim說：「他好厲害哦！！」我回答：「對呀！」順便告訴他機長之所以能把飛機飛起來是因為他進了機艙必須掛上耳機，而且全部都要說「英文」，這樣飛機就會聽他的。

於是Tim反問我：「那是不是我會說英文就能讓飛機飛起來？」我回答：「Yes。」Tim從此就立下志願要當「Captain」，從那天起，他開始非常認真地讀英文，在幼稚園畢業那年，還擔任英文話劇的主角！

不但如此！他更搜集了很多的客機模型，所以爺爺奶奶，我的朋友，總共送了他幾十架的客機模型，可見他真的很想當Captain，我曾經問過他一個問題，你為什麼不搜集戰鬥機，而只要客機？他說他不喜歡打仗。

他的夢想是將來要進「波音公司」，因為飛機讓他愛上了英文！如今Tim已在

NYU（美國紐約大學）唸經濟學。

謝謝你！讓我學會轉彎——自我導引

兒子進了美國的高中之後，有一門功課「Community Service」，就是規定高中生一學年要有十個小時的社區義工服務，服務的項目有很多種方式，有次我跟兒子決定去海灘撿垃圾一小時，因為想到白天人太多可能無法順利進行（其實另一個原因是因為害羞），於是在二〇〇七年十月的一個晚上，趁著黑夜我們父子倆來到了Redondo Beach展開了撿垃圾之旅。

當時氣溫只有攝氏十五度左右，海灘已經是空無一人，黑夜裡聽著海浪聲，看著天空皎潔明亮的月亮、星星，真是美極了，此時閃著紅綠的飛機（飛機機翼的左邊是紅燈；右邊是綠燈）點綴了寧靜的天空，雖然我們想一直停留這個畫面，但我跟兒子說：「開始撿垃圾吧！」我與兒子第一眼看到那片海灘腦中浮現一個共同的想法，就是——這片海灘很乾淨根本撿不到垃圾。

但結果一小時的行程，大概是在一公里的長度，五十公尺的寬度範圍內，我們來回做了一次搜尋，卻撿回兩大袋的垃圾；在這次撿垃圾的活動中我發現一個很有趣的現象，菸蒂大部分都在人行道附近一公尺發現，海鷗的羽毛大約分佈在人行道附近二公尺以內，各種瓶罐則都散在海灘前五公尺，紙屑大都在任何一處都可能發現。

但是最重要的發現是——我跟兒子在這一小時內已經彎了上百次腰去撿垃圾，讓我驚訝地感受到美式教育的震撼力，除了一小時對海灘的清潔有付出以外，重點是教育高中生在付出中去感受「謙虛」。

夫妻、朋友、同事、兄妹、親子，在我們一生之中不知會多少的誤會與爭執；但往往我們都希望對方能先了解我們，沒有人想先彎腰、低頭；但天意弄人，誤會……更在時間的催化之下，導致夫妻離婚收場，兄妹老死不相往來，同事朋友反目成仇，親子關係破裂。不都是為了一個面子、一個想法，為了一個價值觀，都是對方的錯，歸咎於對方的不了解；所以，下次面對誤會與爭執時，不妨自己先彎個腰，輕輕說聲：「對不起！」

你的想法、做法可能就會轉彎？

讓我們重新面對誤會、爭執與挫折吧，也讓我們重新給它一個新生命、新名字——轉彎。

謝謝你！讓我學會轉彎……。
謝謝你！讓我學會轉彎……。

Test Question
導引力測驗題

□ 1. 說話時會一口氣講十分鐘？
□ 2. 和人講話時習慣用食指指人嗎？
□ 3. 與人說話時，會有「你錯了」的習慣用語嗎？
□ 4. 會常常聽不到對方說話的重點嗎？
□ 5. 在別人眼中你總是個強勢者嗎？
□ 6. 我的心態是想幫助對方？
□ 7. 我會一直給對方答案嗎？
□ 8. 我確定了解對方的價值觀嗎？

Human Quotient

Imagination——想像力

請先創造一個美好的未來畫面（5～10年較優）
想像力是真實的視覺畫面、聽覺畫面、觸覺畫面（人物是複數）
想像力是複數有別夢想（單數），與幻想（單數）

打破抱怨進行曲

大江東去，浪淘盡，千古風流人物。故壘西邊，人道是：三國周郎赤壁。亂石穿空，驚濤拍岸，卷起千堆雪。江山如畫，一時多少豪傑。遙想公瑾當年，小喬初嫁了，雄姿英發。

羽扇綸巾，談笑間，檣櫓灰飛煙滅。
故國神遊，多情應笑我，早生華髮。人生如夢，一尊還酹江月。

蘇東坡這首《赤壁懷古》在「羽扇綸巾，談笑間，檣櫓灰飛煙滅」讓我們置身一場偉大的戰役中，目睹當時周瑜領導之軍隊的強大戰力與摧毀力。「亂石穿空，驚濤拍岸，卷起千堆雪」驚嘆大自然的鬼斧神工之美，卻聽到內心毛骨悚然的顫慄聲音。

「千古風流人物，都隨浪淘盡而東去」，似有無有地走進蘇東坡先生的豪情壯志，卻又在「早生華髮，一尊還酹江月」這二句中神祕而延續千古……。

我們看到蘇東坡先生為我們展現壯闊神奇的赤壁畫面，也聽到浪的聲音更聽到世人讚嘆周瑜英姿的讚美聲，更強烈感受到東坡先生將千古豪情壯志傳遞延伸的用心良苦。

透過這首詞，我們看到（視覺），聽到（聽覺），感覺到（觸覺），這三種層次想要一起串聯起來，就需要一個像是交響樂演奏會上的指揮家——「想像力」。愛因斯坦曾說：「想像力的力量大於知識的力量。」

若是沒有想像力，好奇心是停擺的，沒有外界的刺激，全身神經系統是被動的，形同木乃伊；沒有自己的人生的指揮家，舉凡一切在生活上、婚姻上、工作上都是在等待著被人安排，一切的畫面就是黑白拼圖，因此一切的行為都變成了聽令式的抱怨進行曲。

人生舞台，不是別人送給你的，而是要以自己的熱情與努力去拚搏，拚搏的路不是四處亂竄，更不是投機碰運氣。

黑暗使者

有個女企業家因自小家境清寒，自幼非常窮困，於是在工作上格外努力，不分晝夜，瘋狂地全心力投入，公司的經營自然是蒸蒸日上。在新年除夕的夜晚，她結束了工作拖著疲憊的身軀回到家。

躺在沙發上看電視，此時她的心神略有恍惚，在她轉換電視頻道時，無論怎麼轉都會出現同樣一個男人——黑暗使者，他呼喚著這個女企業家，帶領著她回顧她這一生。畫面跳到女企業家看著她的女秘書淒涼的家庭，她的女秘書離婚後獨自一人撫養小孩，工作家庭兩頭燒的女秘書因為過度加班而心神不寧，在工作中意外喪生，（女企業家的）公司也沒有妥善理賠。因此女秘書的小孩只好去投靠外婆過著悲慘落寞的日子。

黑暗使者又帶著女企業家看著自家大樓管理員被自己羞辱的畫面，聖誕夜的晚上女企業家將禮物摔在地上，管理員失望憤怒地、慢慢地撿著破碎的禮物……最後的畫面跳到女企業家看著自己的葬禮。

在葬禮中只有她的兩個姐妹為她舉行葬禮，兩姐妹很無奈地低聲耳語：怎麼通知的人都沒有出席？姊姊的葬禮好悽涼！燦爛的陽光喚醒了女企業家，原來是一場夢！她頓時相當慶幸自己的重生，她一改過去的冷酷，關愛自己的員工並善心捐款照顧貧苦無依的弱者。

想像力是虛幻！是不切實際！是真實的！是會發生的？有人把想像力當成毒蛇猛獸；又有人把它當成興奮劑，安非他命。

想像力是存在的，它是藏身在我們的潛意識（unconscious）中，那股力量將是噴泉，是瀑布，是陽光，是彩虹，但也可能是烏雲，是洪水，是猛獸，更可能是妖魔！而人可能是善的使者，更可能是邪惡的化身。

至聖先師孔子主張人性本善，荀子主張人性本惡，蘇東坡先生主張因學習的環境而定，唐太宗又說上智之上不受誘惑，自古以來都有各自門派的見解，因此想要了解這複雜的關係，我們就必須用西方心理學的架構來解釋：

想像力一直藏於潛意識（unconscious）中，一個很模糊的想法要進入比較清楚conscious中，是需要運用到思考，而我們亞洲人從小到大習慣用單一思考，也就是自己覺得不對，但因為沒有把握，就不敢說出來！不敢問？是因為怕會被人恥笑為笨蛋（這麼簡單都不懂），要不然就是瘋子，想得太天真了，怎麼可能實現。

我們欠缺的是critical thinking，記得在女兒小學三年級的一次考試中，女兒生氣地跟我說：「老師的答案是錯的，我的才是對的。」於是我讓女兒說一說她的想法，她說考題是：「父母在生氣的時候，我們是不是應該講個笑話給爸爸媽媽聽？」老師的答案是：「○」；女兒的答案是：「×」。

女兒解釋道：「爸爸，如果你跟媽媽都在『很』生氣的時候，怎麼可能會有心情聽我說笑話？」我女兒加了自己想像父母「很」生氣的畫面，所以會選答案是：「×」。但是過了兩天女兒又跑來跟我說老師的答案也對，因為如果爸爸媽媽「不是很」生氣就有可能聽我說笑話了。

想像力的前身就是要勇於嘗試不同的方向與想法，從理性進入非理性，從

conscious到unconscious。想像力的訓練養成很重要的一個部分是擴充記憶庫的資料，這就需要在日常生活與工作中要大量而廣泛地閱讀。

這幾年社會都太專注財經的知識，一些非本業工作上的書籍都被忽略了，尤其是詩詞類，如果你能沈浸在詩人的時空背景中，反而能得到另一種放鬆、另一種美的享受。此外可以多聽古典音樂，儘量少聽有歌詞的音樂，因為你的思考容易被歌詞給限定在一個範圍內，音樂中的不同旋律、元素就容易被覆蓋。

多安排旅行，旅行是透過全身所有的感官系統，去感受、體驗、收集資訊的最佳方式，是想像力最重要的啟動元素。

想像力要轉換成為一股驅動力，必須在心智上是清醒的狀態，這個清醒狀態是有一個聲音、顏色、立體的畫面，也可以說從一個舊的記憶中產生另一新的畫面，而這些變化一定是來自生命體原有記憶庫的資料，而旅行就是最好的記憶庫。

七彩光的主人

望著清晨濛濛細雨的天空，雖然沒有平日朝陽的清爽卻瀰漫著一絲淡淡的美，天空飛來一隻慵懶的海鷗，是細雨？是孤獨？那一身雪白的羽毛再也鼓動不出飛舞的神采。

在雨過天晴後的天空總會出現七道光芒的彩虹，而慵懶的烏雲，殘忍的暴風雪，總喜歡阻止七彩光的出現。

宮崎駿在《神隱少女》有這麼一句對白「曾經發生過的是不可能忘，只是想不起來而已。」人類腦子的記憶有一部分稱為長期記憶，而長期記憶是因為大腦的外層「皮質」會把過去的經驗儲存起來，而皮質有一百億個神經細胞，當我們受到外界的刺激（景象、聲音、想法）之時，皮質裡的神經細胞會彼此溝通喚回最初之決，我們稱之為記憶。

記憶與想像力就產生銅板效應，連體嬰效應，是彼此無法分割的，沒有想像力的人一定不會有強大的動力（就像那隻細雨中的海鷗），而光有想法沒有去實踐那叫幻想，幻想就不會有記憶，沒有高空跳傘的記憶就不會產生在空中舉行婚禮的想法，更不敢想像空中婚禮的快樂畫面。

盡情灑出心中Scientific（科學）Aesthetic（美學）Moral（道德）的種子，讓你的記憶是一個充滿愛情的、友誼的、親情的淡雅花香味的田園畫面，讓它移入我們的潛意識。

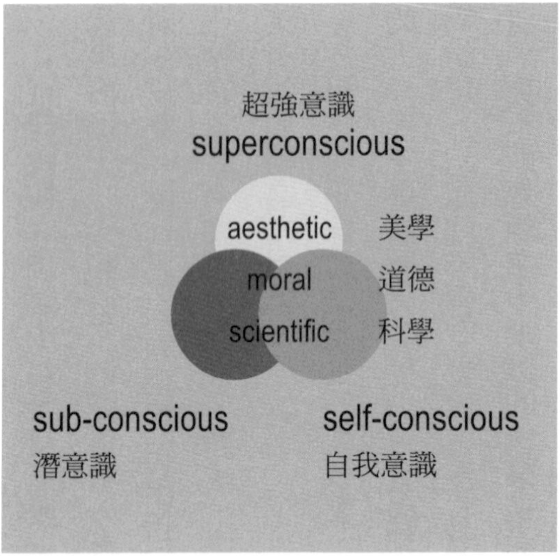

豐富美好的記憶，豐富快樂的記憶，讓我們成為七彩光的主人。

魔鬼是單數，天使是複數

潛意識（sub-conscious），是一個黑洞裡的想法！是一個黑洞裡的一個畫面，更是一個黑洞裡微弱的呼喚……它是來自過去生活的記憶，也可能是對未來生活、生命上的一個期待！

潛意識可能是一個充滿無數生命驚奇的寶藏，也可能是件復仇的殺人武器。所以潛意識可能會把我們帶向快樂、活力、光明的方向，潛意識也可能在不知不覺中把我們帶向暴力、仇恨，從周而復始的噩夢中，再延伸到生活的真實版。

潛意識是由許多酸、甜、苦、辣、愛、恨，不同的元素組合而成。它是先天的遺傳基因也是後天的薰陶，我們可以很努力用「愛」、「希望」充實打造潛意識的這個寶藏，讓它散發七彩光，不要讓它成為破壞、摧毀的終極殺人武器。

自我意識（self-conscious），它是已經從潛意識轉化成一個很清楚的具體想法或已經是一個實際展開的行為，但這個想法或行為能支撐多久，很難確定。

計畫不夠詳細，執行力不夠強，都是直接受到潛意識的牽制與影響，很多人常常容易半途而廢，一旦遇到挫折之後黑洞就發出一個聲音……「不可能成功」，緊接著過去所有的失敗、過去所有痛苦的畫面就隨之而來。

在「人生十之八九都是不如意」的魔咒之下，更是很難戰勝與克服挫敗。不要這樣悲觀，記得七彩光來自「愛」，這個愛的來源來自自己本身（self）天生樂觀的基因，它能自動破除悲觀，並非人人都能天生樂觀。

第二條路就是將「self」的觀念提升到「us」的複數觀念，人不能孤獨，在你哭泣時旁邊要有人遞上一張紙巾，當你快要倒下去之際，會有一隻援助的手伸向你。

超強意識（super-conscious），它會讓一個人成為一個超強戰鬥力的天使或魔鬼，它是醞釀已久，堅定不移的信念，更是勇往直前，不成功絕不休止的行為。

當這個超強意識具備了正面的價值觀就是天使，滋潤豐富所有的生命個體，如果它是負的價值觀，那麼它就變成了魔鬼，能毀滅、打擊一切的生命個體。

天使會讓一群人聚集在一起互相擁抱，是充滿歡樂的笑聲，充滿淚水感人的故事，讓每個人都感受到大家都會有一個充滿美好希望的未來畫面。

魔鬼是讓每個人在毛骨悚然的驚叫聲中遠遠地逃離它、遠離它，魔鬼本身是孤獨的，站上高高冰冷的遠處山峰，沉浸在自己愚弄、摧毀他人後的得意之中，永遠是冰冷的孤獨畫面，所以，我說魔鬼永遠是單數，天使永遠是複數。

在洛杉磯一月的某天，七點十五分，氣溫十度C的清晨，在做完小孩的早餐後，我在陽台上打太極拳；記得在上海十一月的清晨，也是同樣的溫度，但身處洛杉磯的清晨，在我左手邊遙遠的東方一層薄霧之後依稀看得見太陽的光線，就是多了一線遙遠的太陽光，卻讓我的身體呈現不同的體溫。（上海與洛杉磯當時天氣的濕度是差不多的）

因為我心裡知道再過一個小時太陽會將寒冷逼退，就是因為那個心態使然，在心理上我就不懼怕低溫，打起太極拳來也就格外有熱力。就是那股對未來充滿美好而且會實現的想法，我們就叫它「希望」。

我坐在樓梯上對著女兒說：「幫爸爸球鞋裡的襪子丟上來。」女兒乾淨俐落毫不猶豫地就丟上來了，接到襪子的一剎那，我的心中流過一股暖意——那是「愛」，因為在那當下我知道女兒完全沒有嫌棄我的襪子不乾淨。

愛心的醫生不就是如此，他們怎麼會挑病人是不是髒，是不是臭，是不是充滿可怕的病菌，完全就是奮不顧身地搶救病人。投入志工的朋友也同樣地對遊民付出相同的行為，大愛是不做選擇，只要自己有能力一定付出，而小愛是侷限於只對自己的家人、朋友付出。

只有「愛」、「希望」才能灌溉豐富的工作、生活、生命的天使，能感化黑洞裡孤獨暴力的魔鬼。生命不再是單數，讓我們永遠擁抱複數，人人都能成為複數天使裡的一份子。

在《商業周刊》裡我讀到了這麼一則故事：香港首富李嘉誠先生，在一九五六年，他二十八歲時，在半山列提頓道半山腰購置了面積六十坪（兩千平方呎）的新宅，他歡喜地將母親接來同住。新宅面向維多利亞港，與當時一般香港人的住房相比，這已經算是「豪宅」。

但是搬進新家的那天晚上，他徹夜難眠。數十年後的今天，他都還清楚記得那一個失眠的夜晚。躺在偌大的床上，月光將窗外樹影投射進屋內，風吹得它們搖搖晃晃，如真似幻。「還不到三十歲，我就擁有足夠我一生開銷的金錢。」一變成富翁後，他卻茫然：「為什麼我有錢了，卻不如我預期中的這麼快樂？」望著窗外，他迷惘地問自己。「我這麼有錢，身體很健康，為什麼沒有非常快樂？我不喝酒、賭博、跑舞廳，我賺得再多，也不過如此。」

「人不是有錢什麼事都能做到，但很多事，沒有錢卻怎麼也辦不到。所以我一路做，將來有機會，能對社會、對其他貧窮的人有貢獻，這是我來到這個世上可以做到的。」

同時從那時開始，他對金錢有了截然不同的看法，他不再重視一般的表象與物質，他反而享受簡單的生活。他領悟出：「內心的富貴，才是真富貴。」二十八歲之後，他轉而探索內心的富貴。真正成立李嘉誠基金會是在一九八〇年，在李嘉誠五十二歲的時候，基金會的資金來自他的私人捐款。從此，該基金會就變成他生命中很重要的一部分。

中國人受世人關注的是他們的勤勞，是他們對生活方式和兒童福利的要求很低微。但是他們比印度人更樂觀，也更天真。他們大多數是負擔沉重的，男男女女都在為每日五分錢的工資敲石子。……實在是一幅悽慘的圖像。——這是愛因斯坦「對上海的印象」。

不是每個人都有李嘉誠先生的能力，但卻可以像李嘉誠先生那樣擁有一顆努力付出的心，更何況中國人不是有句話說：「窮是窮不過三代」；那些每日為五分錢而敲石子的男男女女，努力為下一代脫離貧窮所付出的偉大情操，這一點就不是愛因斯坦所能完全體會的。

玩風高手

十一月底我從上海飛回洛杉磯，洛杉磯近十個月只下了兩次雨，但就在我回來的第五天下了一整天的雨，實在令我很不習慣，但雨停之後的第二天，熟悉的陽光一大早準時地出現，此時心情真的是開心，便不自覺地坐在陽台上享受日光浴。

眼前出現了一幅美麗圖畫，畫中有藍天、白雲、烏鴉、棕梠樹與飛機。白雲毫無反抗能力只能朝著東方飄去（因為那時吹東風），棕梠樹卻只能在強風的空檔中得到片刻停滯、擺動喘息的機會，飛機卻可以在強風中依然挺進向上飛行，但顯得有一點僵硬。

但是，它們都遠不如那玩風高手——烏鴉，輕鬆地就能隨風變化出不同的姿勢及高度，沒想到平時看烏鴉是那麼令人不喜歡，但此時眼前的玩風高手——烏鴉卻是這麼地令人激賞。

斷線木偶

根據報導，在日本出現了一群「尼特族」（NEET, Not in Education, Employment or Training），這群尼特族不上學，不工作，也不接受任何的職業訓練，終日無所事事，也有人稱為啃老族。

報導中指出，尼特族的人數在日本全國從二〇〇〇年的十七萬人增加到二〇〇九年的六十四萬人，據日本第一生命經濟研究所估計再過不了幾年，人數將突破一百萬人，顯示這群尼特族正在不斷增加中，青少年的自殺率也逐年惡化中，這群尼特族就像斷了線的木偶，攤在地上真是棘手。

這個問題的難度與複雜本身，並非只針對這個尼特族下手就能妙手回春的，必須從家庭問題、社會問題甚至大到地球暖化問題都是層層相關，這個問題留待後面章節再進行討論。

捉迷藏的女孩

自從居住到洛杉磯之後，我長期都被月亮深深吸引著，以前在聽到有些人說「美國月亮比較圓」總是嗤之以鼻，但現在我卻真要做那被人嗤之以鼻的人，洛杉磯的月亮真是又大又圓。

造成此景的原因是大陸型的氣候、氣溫穩定使然，房屋在晚上投射的電燈密度較低，在雲少的天空裡，自然亮度、能見度就會提高，所以晚上賞月成了我每晚最開心的一件事，但好景卻大約在一週以後，月亮在我的眼前消失躲了起來。

它會在每個月的十五日，在我的正南方三點鐘的方位出現，到每月二十二日在我的正南方十二點鐘方位出現（它是以逆時針方向運轉）。

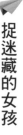

好美的一件事卻像個謎，卻又是那麼精確而科學地在每月的二十二日號出現在我的正南方（因為我住家陽台面向正南方），中國人真是有最高深智慧的族群，把每月定時定點出現的發光物體叫——「月亮」。

在人生的道路上，順遂時我們會覺得自己像個玩風高手，在低潮時又像斷線的木偶，猶豫停滯之時更像是個捉迷藏的女孩，無論發生了任何問題、任何狀況，那都是一個美妙的經驗，豐富的旅程。它會不斷擴充我們記憶庫，刺激我們的潛意識，為想像力做好準備，一旦啟動了想像力，我們將會化身為打不倒的戰神。

Test Question

想像力測驗題

□1.我有好奇感？

□2.我常常會有期待感？

□3.對別人成功的故事我會記住？

□4.有常常讓左手為你做事嗎？

□5.你會常常將風雲水連結成畫面嗎？

□6.你有十年、五年、三年後的生活畫面嗎？

□7.當你要做壞事時會有親人表情的畫面嗎？

□8.當你想要成功時會有親人表情的畫面嗎？

Human Quotient

Charisma——魅力

魅力分為兩大部分——

內在（inside）；外在（outside）

內在、外在需要在不同的人、事、物背景下，不同比例地展現。

魅力的展現架構在三大支架上：

一、Scientific（科學）

二、Aesthetic（美學）

三、Moral（道德）

當我在研讀美國著名心理學家Dr.Ken Wilber的《INTEGRAL PSYCHOLOGY》這本

書時，我找到人文組合很重要一個架構，那就是——

一、Scientific（科學）：學習以美國科技系統為主。

二、Aesthetic（美學）：學習以歐洲藝術人文為主。

三、Moral（道德）：學習以中國孔孟文化為主。

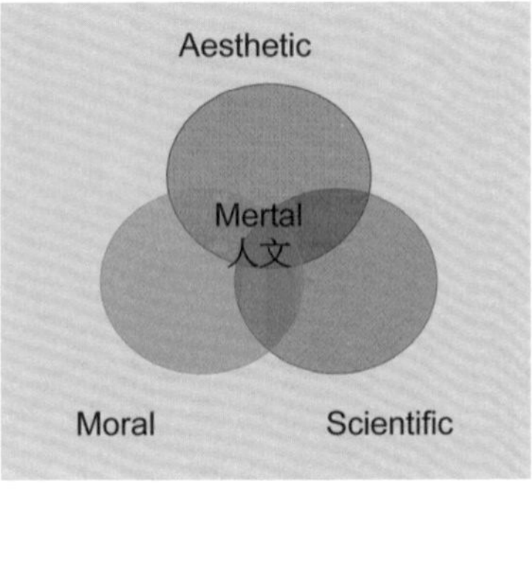

Scientific（科學）

科學的目的在進化生存方式，以下筆者以烏鴉為例來說明。

早上八點十分，我送完女兒準備返家時，又被地上的烏鴉給吸引住了，記得烏鴉應該是吃昆蟲、腐肉或植物性食物，但我卻看見烏鴉小心翼翼地將水溝的一塊麵包叼起飛向屋頂。

談到烏鴉，真的應該感謝烏鴉給了我許多寫作時的靈感與想法，早在二十多年前我還在華航工作，經常會停留舊金山及洛杉磯，在這兩個地方常常看得到烏鴉，但當時基於中國人傳統觀念——烏鴉是不吉祥，每每看到牠都覺得牠很煩，尤其是早上「嘎！嘎！」的叫聲真是招人厭煩。但我今天卻想替烏鴉平反，說上句好話，據我的觀察與了解，烏鴉有以下特點：

＊烏鴉非常團結，會用輪班來站崗。

＊烏鴉懂得反哺。

＊烏鴉是鳥類中智商最高的。

烏鴉，中文：喜鵲，科名：鴉科，學名：Black-billed Magpie，身長四十五公分，雜食性，食昆蟲、爬蟲、果實。

傳說中有這麼一個故事：唐朝有一位名叫溫璋的人，他執法如山，嫉惡如仇，為了方便百姓伸冤，就在衙門外掛了一個懸鈴。有一天鈴聲大響但衙役卻怎麼也找不到門外的伸冤者，最後衙役在懸鈴的上方找到一隻烏鴉，此時溫璋想一定是有人盜了小烏鴉，所以這隻烏鴉才會來伸冤，於是差了衙役跟著烏鴉去查訪，果不其然，在一顆大樹下抓到那個正在把玩小烏鴉的盜匪。

從這個故事讓我們了解，烏鴉為存活於地球上正運用牠的高智慧在轉型，企圖改變牠的飲食習慣。人類也同樣在以美國為首的各種高科技研發上，讓人類的生活品質不斷的提升，雖然人勝不了天，但人類偉大的智慧及熱情卻成功地在地球上繁衍子子孫孫……。

現代人為了競爭與生存，大部分的人不是改採最新的溝通工具，如智慧型手機與平板電腦，想想看如果你現在還在用按鍵的手機，第一速度、功能都不夠，第二是不夠現代化，而在個人魅力的呈現上也會因看起來顯得老舊而被大大扣分。

只有科技不斷的進步，才能讓人類安然渡過大自然的考驗，只有科學的知識讓我們了解什麼是浩瀚的宇宙？體悟到自己的生命是渺小、是短暫的。——「一切惡鬥、戰爭應止於渺小」。

Aesthetic……孔子的美學概念

子曰：「質勝文則野，文勝質則史。文質彬彬，然後君子。」這裡指的是「仁義」為質，「禮樂」為文。所以一個人質超過文，就有一些粗野，文超過質，就有些虛浮，只有比例勻稱才會成為受歡迎、有影響力的人。

所以Aesthetic美學這個觀念在人文架構中最難了解，也最容易被忽略，尤其是男性朋友（已婚年齡超過四十歲）。在ＴＴＩ報告中有六十八％的人，六項得分曲線圖最低的就是唯美導向，如此可見一斑。

Aesthetic，可以從表面的美學與深層的細膩度這兩方面來探討。

古典（classic）這個字是拉丁語的classicus，意思原指羅馬的最上等公民，也可引申為模範，更可引用為優秀的典範，均可稱之古典。而古典是用希臘的完美而嚴謹所延伸出藝術形式的審美觀，而古典中的美感培養了我們的和諧、對稱、平衡、高貴中的典雅。細膩美感能力之養成，就從每天聽古典音樂做起（尤其是在早餐陪著小孩一起聽）。

古典音樂背後更隱藏無比對生命奮戰的精神——蕭邦的音樂成為波蘭人抵抗希特勒的最大精神力量；莫札特從二十五歲到三十一歲這六年的期間，他沒有固定收入，婚後九年之中就搬家了十二次，莫札特雖日子過得窮困又身患惡疾，但其音樂作品中卻是呈現純潔高貴的心靈。

音樂是人類內心祕密表白的最美方式，透過美的方式去了解人，那是多麼善良，多麼地受到尊重，人在尊重而美的氣氛中進行交流，一定會是自然和諧而順暢。

很多從事銷售的業務人員會業績不佳，有一個重要因素往往被忽略——原因在於服裝穿著的顏色與款式穿得不合宜，要不然就是顏色搭配得很奇怪，髮型與髮色更是怪異，當與客戶第一眼接觸，視覺一旦產生不良印象後，客戶就很難靜下心去傾聽銷售物品的內容，在企業主管或領導者當中，類似的錯誤更是不勝枚舉。

而在這方面有下工夫的例子是台灣鴻海電子老闆郭台銘，他將自己的西裝一律改成Armani亞曼尼的牌子，讓他的外表美學藉著世界名設計師，增加線條的協調感，使得他得以在外型的影響力上加分不少。台灣裕隆企業的嚴凱泰更是抓準世界潮流的美學商機，成了Armani亞曼尼服飾的代理商。

大家是否有發覺到，法式餐廳與美式餐廳其裝潢顏色有很大差別，醫院育嬰室為什麼用的顏色不外乎是淡綠、淡粉、淡藍。青少年的服飾都是以橘子色為主，全世界最受歡迎的頑皮豹，Hello Kitty為什麼都是粉紅色？小孩子卡通世界裡壞人的服裝色彩幾乎都是混濁色及黑色為主？……這些都是美學概念（色彩學）造成的影響。

Moral……形而上者：【道】

易經：「形而上者謂之道，形而下者謂之器。」

大學之道，在明明德，在親民，在止于至善。

子曰：「君子喻於義，小人喻於利」

在人的內心深處都有一個想法，其中好壞善惡就會由這個看不見的道德力量來做規範，中國五千年文化所以能源遠流長，就是一直有這個看不見的力量在管理著每個人的行為是否得宜。

在《大學》這本書更強調：「孝、悌、慈」這三個字，孝：是協調晚輩對長輩的關係；悌，是協調同輩之間與幼小的關係；慈，是協調長輩對晚輩的關係。

這樣綿密的規範形成了一個強而有力的成功者概念，古之欲明明德于天下者，先治其國。欲治其國者，先齊其家。欲齊其家者，先修其身。欲修其身者，先正其心。

這裡的「心」就是指道德的力量，修身，齊家，治國，平天下，這條準則不但是我中國人成功必修之道，更將成為西方人要努力參悟的道理。

Scientific（科學），Aesthetic（美學），Moral（道德），三者必須融會貫通，合而為一，我們每天都要從這三大方向來吸取養分。

所以，平時要不斷補充我們生活上的新知識，尤其現代的溝通模式一定要掌握，如：Facebook、Skype，你無法置身事外，否則一定會被淘汰。

美學不是只停留在視覺上的美感，必須再擴充到聽覺的美感，也就是個人說話的用字遣詞是否能觸動人心，因為以後的競爭很快就會進入四・一吋的手機畫面的淘汰賽。

人生的路能走多遠、走多長，完全取決於個人的道德。道德的修練，我們應從最基本的守時做起，進而是孝順父母，因為百善孝為先。「守時、孝順」，說是簡單，做起來卻很難。想成為一個有魅力的人，不是一味地追求表面炫麗與浮華的吸引力，而是要結合科學、美學、道德三股力量，所釋放出來的既現代又古典、既理性又感性的吸引力。

Test Question

魅力測驗題

- □ 1. 約會時我總是會提早到嗎？
- □ 2. 我常收到交通罰單嗎？
- □ 3. 你很重視體重管理嗎？
- □ 4. 沒有化妝絕對不出門嗎？
- □ 5. 我每天一定會擦亮皮鞋？
- □ 6. 我會設計自己出現在公共場所時的服裝顏色嗎？
- □ 7. 我有不會輸給任何人的自信？
- □ 8. 我在群眾中一定是受歡迎的嗎？

Human Quotient

Impact——影響力

影響力＝透視＋導引＋想像＋魅力

影響力培養的最佳地點：家庭

最佳對象：太太／先生、子女、父母

對家庭無回報的付出，是影響力的真品德。

而演說能力可以說是影響力的翅膀，擁有一對多的能力（百人／千人／萬人／全球人），就等於擁有賺錢的能力。

影響力的核心是感動，而感動的結晶是「眼淚」，眼淚最多的地方就是家庭，因為家人之間的愛是真心，是真實，是不求回報的，因此**誰能了解人為何會流淚？**

誰就能真正掌握感動力，有了感動力，影響力才會真實而長遠……。

眼淚化作彩虹（一）

男人、爸爸，在世人眼中似乎永遠就是一個不倒的象徵，更在男兒有淚不輕彈的催化下……，於是做爸爸的就必須在任何挫折打擊下，一個人承擔，但在承擔不了之時，爸爸的眼淚便藉由「酒」、藉由「肉」、藉由「色」來轉移，來化解。

但我似乎幸運多了，我有一位上天賜給我的小天使——April，她將我的眼淚化作了彩虹。

意外！那完全是個意外！沒有經過我們的同意，這個天使就在我四十歲時闖入了我的生命，但這個意外常常會在生命上給我無數感動的力量。

記得在美國，每天早上我牽著April的手送她上學，那不但是一天最快樂的時光，更是我寫書靈感的來源……。記得在台灣送她上學時，有一次我問April：「開車，走路，騎腳踏車，妳要選哪一種方式去上學？」April選擇的竟然是，騎腳踏車。她說這樣可以「抱爸爸」；到了美國，我又問類似的問題：「走路，開車，要選哪一種？」April卻選擇走路，她說這樣可以「牽牽爸爸的手」。

April就是一個充滿靈性而貼心的女孩，在上次我離開美國要回台灣時，April哭了無數次，而且是從我要離開美國的前一個月之前就開始哭；但這次回美國April告訴我：「爸爸，這次我的goal（目標）就是你下次回台灣時，我一定不哭。」

天啊！April真的做到了，她為了不給我pressure（壓力），忍住了淚水送我進機場，直到在回程的車上才掉下眼淚（這是事後April在Skype裡告訴我的）。

回台灣後，每天早上六點三十分，我一定會將Skype上線，因為台北早上的六點三十分是洛杉磯的下午三點三十分，是April放學回到家的時間，這是我每天最期待的時刻，因為透過電腦可以看到April陽光般的笑容，更會聽到「Hi！Daddy I Love you……」這就是我一天的開始。

二〇〇七年六月我們移民美國，在安頓好家之後的十一個月，也就是二〇〇八年四月，我自己一個人飛回台灣繼續追逐我的理想與實踐事業的版圖而付出；所以Skype就是我精神糧食來源的管道。

記得第一次用Skype通話的第二天，Joyce告訴我April說昨晚睡得特別好，因為有看到「爸爸的臉」；當然除此之外還有對著Skype碰鼻子／抓耳朵都是不能少的基本動作，所以，我似乎成了女兒April的黃金獵犬。

眼淚化作彩虹（二）

分隔兩地的工作與生活是對？是錯？始終就是個謎……人的追求……，有時想像隻烏鴉做個玩風高手怡然自得，但始終就是覺得飛不高、飛不遠；有時又想像台北一〇一大樓是那麼高聳於一切之上，但卻有那麼一些孤獨與惆悵；選擇永遠就是那麼矛盾！那麼艱澀！

艱澀！矛盾！一直是我剛開始一個人在台灣生活前五個月的心情寫照，這條路真的很難走；有一天我收到Joyce的mail，她說：「April的態度最近有問題，一說她幾句她就把自己鎖在房裡哭。」

我常常告訴Joyce and Tim要多多包容April，但他們總是說是我太溺愛April，尤其Tim更說我不主持正義，但我常常想到這是爸爸對女兒的「遺憾」，眼眶就會非常的灼熱，於是那串串心疼的淚水更是完全失控……

記得在April小學四年級時，有一次的數學成績是六十五分，那一晚Joyce的憤怒！April的淚水與驚嚇！有如恐怖的颱風夜；從那之後我完全接手April的課業輔導。

壓力！April的壓力太大了，除了Tim的成績一直都給她帶來壓力外；另外更有一位死黨的數學幾乎都是一百分。

但April的強項是：音樂、國語、英文，April會的樂器有鋼琴、小提琴、笛子，現在又是BLMS的長笛手，音樂是她的興趣更是與生俱來的天賦，有一次April還左手彈鋼琴，右手吹笛子，著實把調音師給嚇呆了。

而April在國語、英文方面也有亮眼的表現：

國語方面——在台灣唸小學四年級時，有一天學校老師打電話問我，April在家是否有被虐待與暴力對待……。哈哈！原來是一篇作文惹的禍，全都是April豐富的想像力編出來的；而April到美國就讀的第一個月，她的作文仍然不失她的水準，也被老師挑選出來，貼在全校的佈告欄上。

英文方面——由於April開口說話的時間較晚，所以兩歲半以前，她每天都是看英文版的迪士尼錄影帶，因此劇中的人物都成了她的好朋友。就在April幼稚園中班那年的暑假，在我們準備要出發去美國玩的前一晚，April突然把她的太陽眼鏡帶上，開始滿口的英文，一路上一個中文字都沒說，一直到上飛機睡著後才停止；這畫面是我和Joyce最甜蜜且永恆的記憶，實在是太經典了。

April告訴我在台灣每次要發數學考卷的時候，她的心臟幾乎都快跳出來了，好想躲在桌子底下。

後來我跟April研究出她考不好的原因，那是全天下父母都不能接受的理由「粗心」。但是，後來經過我反覆地再研究，我有個驚人的發現，就是April的腦部反應太快，手部肌肉協調性跟不上而導致寫出來的數字並非心中的數字，因此我把April的思考與演算的過程作了一些調整，果然奏效，她四下的數學分數就已回升為九十三分。

眼淚化作彩虹（三）

小學四年級十歲以前與十歲以後，我把它分為兩個階段；我與Joyce研究之後設定四年級以前在班上功課有達到前十名即可。

不一定要贏在起跑點……，但一定不能輸在起跑點……

不要把自己的小孩當天才，太早起步或太晚起步都會有困難與遺憾，但思考的早起步卻是我與Joyce的共識，所以與兩名小孩April及 Tim的對話，我們從不用BABY TALK。

除此之外，我們大量讓April及Tim從生活及課外活動去體驗各種事物——

♣ **1. 旅遊**

寒假我們會去東南亞，暑假去美國，平常日就玩台灣本島，畢竟行萬里路勝讀萬卷書，因為我和Joyce都曾是華航空服員，所以這番的體驗尤其是感受深刻。

♣ **2. 作文**

作文是一切思考的基礎，更是往後口語表達的供應商，作文強才能延伸出演講及辯論，所以作文一直都是被我列為最重要的訓練，記得Tim在小四時就已經能寫五千字的心得報告，而他在就讀美國Torrance的高中時還是辯論的校隊。

♣ **3. 比賽：**

演講比賽／小提琴比賽／鋼琴比賽／空手道比賽／游泳比賽／足球比賽／棒球比賽……只有透過比賽，才能知道如何從跌倒中站起來，只有從跌倒中再站起來所想出來的方法，才是一個成熟的思考。

♣ **4. 讀好書：**

《菜根譚》一直是我要一雙兒女April及Tim讀的好書。

Tim就是從五年級開始衝刺成績，如今在美國的成績表現更是令我這個老爸不得不用「佩服」這兩個字來表達；而女兒April的表現更是驚人，因為April唸的這所中學是加州藍帶獎很優秀的學校，當初我跟Joyce還有點擔心，但April的成績卻都能一直保持A+。

April其實小學四年級就能自己獨立思考：她常常告訴我她會努力用功讀書，將來要唸一所好大學，唸過好大學才能實現她的夢想；April到美國之後從小學五年級讀到八年級中學畢業（美國中學是八年級），總共連續拿了七十四個A，非但如此，她更是畢業典禮的畢業生致詞代表。

她的夢想就是要當老師，April是非常認真的，因為她已經和過去美語安親班園長用MSN規劃明年暑假回台灣的教學課程與內容設計。

灰燼中的巨人

一九六九年的三月二十一日在下午三點零三分的觀光號火車從台灣宜蘭縣羅東鎮，我跟著爸爸、媽媽、哥哥與姊姊全家五個人，只帶著簡單的行李，記得當時行李中只有衣服與棉被，沒有任何家具，離開了我的出生地宜蘭羅東，舉家搬到台北。

以當時的時代背景而言，想離開鄉下的羅東搬到台北是一件非常困難的事情，但在父親的領軍之下，我們全家鼓足了勇氣，去挑戰不論在生活和工作上難度都很高的台北。

二〇〇七年的六月八日BR12（18：20）及六月十二日BR16（23：55），分成二天長榮班機，妻子與兒女同一航班，我自己坐十二日那一航班，我們離開台灣台北飛向了美國；當然這次的移民比上次的搬家困難度更高出許多，除了家具貨櫃之外的搬遷工程；更高的挑戰就是思考、語言及文化上的差異性。

由於承襲父親的精神與勇氣，我帶領全家再一次挑戰新環境，雖然父親已過世六年，但在飛向美國的班機上，我一直不斷地在思考父親給我留下了什麼？我將來又要給我的兒女留下什麼東西？

從小父親就告誡我們：「人要走大路、正路。」父親這一生雖然金錢上並沒有給我們遺留下遺產，但一生的耿直、正直性格，卻在我童年的成長過程烙下了深深做人、做事的道德規範；父親過世後的幾年中，我只能領悟到父親給我們最大的資產是強健體魄，但這幾年自己也在父親這個角色不斷地摸索，才領悟、認知到父親所遺留的另一筆更大的資產——「道德」。

每個人這一生都在努力追求金錢上的財富，但是，最不可輕忽的是道德上的財富。大家都知道現在是個東西方混合的時代，但身為東方人的我們卻把東方的道德財富棄而不用，實在可惜之至。

在朱柏廬的治家格言中：「黎明即起灑掃庭院。教子要有義方，勿貪意外之財，勿飲過亮之咎。見貧苦親鄰需多溫恤。人有喜慶不可生忌妒之心，人有禍患不可生喜幸心。」

上述我只是簡單節錄幾句，用意在於突顯人往往都把這些道理視為一文不值，只知道拚命把銀行的數字變多，**但大多數人在金錢財富方面累積的速度越快，在道德的戶頭上數字卻不見增加，有一天若達到不平衡時，就像車子的速度太快而失速翻車。**

金錢財富的數字是永遠沒有絕對的高低水位標準，但在累積財富的過程一定要有端正的品德才能「聚財、守財」，就如台灣的慈濟功德會，就是最好的例證。

「財、德」要聚財一定有德，正所謂：「德不孤必有鄰」，正道之財必然周遭人都屬正道之人，而不正之財周遭必然都是貪念之人。

「國、家」從唐太宗的治國治家是一體的概念，而在二十一世紀的今天很多人卻把事業與家的管理分開，造成了事業成功，家庭卻是破碎的悲劇。

你是否曾發現，「代溝」這個專有名詞幾乎都是發生在父親身上，為什麼很少發生在母親身上，然而，父親這個角色是多麼的重要，幾乎是無法用任何方法去取代。

現代的父親為什麼在親子關係總是不及格，更甚至是完全脫鉤，實在很悲哀。而母親卻是做到蠟燭兩頭燒，一邊燒工作一邊燒家庭，父親卻可以冠冕堂皇地說一句工作應酬，連兒女功課、作息完全不知情，甚至一個星期連見面、電話、MSN，一切都是掛零分。

母親一邊工作一邊照顧小孩，從進小學的第一天就開始為小孩的學習做準備，回家功課的複習，是為考試計畫作準備，更要接送小孩學才藝。媽媽真的好辛苦，從小學到中學到高中到大學……一路上為孩子做了無數的奉獻，吃了許多苦，花了多少心思；但很多父親只會以一句話：「錯過孩子的成長真遺憾！」輕描淡寫地帶過。

母親是完全參與小孩的學習成長，父親是完全沒有參與小孩的學習成長，表面上母親是「苦」，父親是「樂」，但這在社會上發酵出了一個可怕的現象，造就了女性出頭天，女性掌權，女性的能力突然變強了，尤其是四十歲以上的女性。

那股力量正在抬頭崛起中，已悄悄地改變了整個世界的面貌與結構。就是母親從懷孕期就已經在進行蛻變……，緊接著在小孩哭鬧中磨練出母親最大耐心，在小孩的不聽話與胡鬧中更訓練母親的溝通技巧，在小孩中學的青春叛逆期更懂得設身處地地了解對方；在幫小孩找資料的同時自己又一次地學習到新知識與新觀念，陪小孩準備報告資料，更豐富了工作上的簡報技巧。

到了孩子要升大學，更絞盡腦汁地幫小孩尋找適合的人生，在這段尋找人生定位中也學會生涯規劃……，母親就是經歷了一連串的「學、做、挫折」，再一次從成長學習中蛻變出新生命力，如果家中有老二，那麼複製的經驗與技巧更是成熟。

願天下的父親不要放棄人生真正的課堂與作業——「家庭教育」，這是哈佛也無法給你的訓練。

四十歲以上的女性現今在職場的現象，筆者稱之為：「中年婦女黃金力量」，這力量不但在國家領袖上嶄露頭角，更在日本上演「休夫離婚記」。

在美國所有的華人都希望自己的小孩能進入長春藤聯盟名校（Ivy League），在美國這段期間，我有很多機會去了解及詢問這些長春藤名校的學生，為什麼他們會想進入長春藤？

大部分的人都會回答：「起薪比別人高。」但是，很多高薪的人也並非要靠進名校才能賺得；於是在起薪這個問題上，我在不斷思考中找到了一個方程式：

1.起薪 2.加薪 3.聚財……三部曲

母親可以說對兒女已做到協助兒女完成起薪與加薪的工作，但最重要的是「聚財」。為什麼有人會說學歷無用論，更甚至笑學歷高的人是書呆子（Nerd），又或者學歷高的人自己也都會說：「百無一用是書生」。

非也！非也！學歷高當然是對的、好的，因為進入社會職場的第一關當然先看學歷；學歷高又是世界名校畢業，當然是容易而且順利就能找到高薪工作。據統計美國檢察官的體系有九八％是哈佛法律系畢業生，哈佛畢業學生的就業率也高達九九％。

但經過了十年工作歷練，有可能一個普通大學的畢業生的年薪會超過世界名校畢業生的年薪，為什麼？道理很簡單，加薪速度快。加薪是靠整合能力，是靠創意，這是死讀課本的書呆子無法學會的，除了整合力若能再加演說力，就能從一對一的影響力，進階到一對多的影響力。

成功演說家

只有歷經失常、跌倒，才能浴火重生，蛻變成美麗彩蝶。

根據專家對於人們最恐懼的事情所做的統計，其排行榜的前幾名依次為——上台演講、死亡、墜樓、吞火等，令人驚訝的是「上台演講」竟然位居第一名，人們對於「上台演講」的恐懼程度居然超越「死亡」，上台演講，真的那麼恐怖嗎？

你害怕上台演講嗎？

你擔心一上台就忘記下一秒要講什麼嗎？

以下將告訴你一個沈默、木訥、恐懼上台演講的男孩，是如何經過多次的磨練轉變成一個成功的演說家。這一步一步所踏過的心路歷程，都是成長的開始。

年輕的時候，在一次偶然的機會下，我在學校觀賞了一場演講比賽，當時對於獲得第一名的人，年少氣盛的我，事實上有些小看他，總覺得他的表現並沒有多好，居然能得到第一名，也因此激起我上台演講的動機與慾望，覺得自己一定能辦到，並且會表現得更好，就是如此簡單的理由，讓我從此踏上演講台。

第一次參加演講比賽的我，與一般人一樣會準備講稿並且背熟它，但是因為自己過於緊張，頓時腦子整個空空的，所以在第一次上台就慘遭挫折，在台上雙腳顫抖得十分厲害，不到三分鐘，演講內容全忘得一乾二淨，當場我就傻住了，那次經驗讓我對於上台演講產生巨大的恐懼感，正所謂「一朝被蛇咬，十年怕草繩」，由於心中的餘悸仍在，導致我一陣子不敢再接觸演講。

後來也不知道是憑什麼勇氣？或許是內心一股不服輸的個性吧！讓我再度重披戰袍上台參加比賽，一次又一次地參加比賽，可能參加次數增加了，緊張也就減少了，也順利在一些大小演講，終於獲得名次，開啟了我一連串的演講生涯。

事實上，緊張、恐懼的情緒並未就此放過我，在一次畢業典禮上，我代表學校的在校生致詞，因為在現場觀禮者約有三千人，這是一次從未經歷過的大場面，當時的我可謂是眼冒金星，緊張、害怕的情緒再度纏上我，準備已久的演講內容頓時在腦中消失，還好幸運地當時麥克風突然失靈，讓我能藉此空檔，調適自己的情緒；當時我不斷深呼吸，並且在心中不停地告訴自己不要緊張，如此才逐漸安定緊張的情緒，最後才算順利地完成致詞。

驕傲乃失敗之源

進入軍隊服役後，上台演講對我來說，簡直是易如反掌，通常是打遍天下無敵手，如此的風光與神氣，逐漸使我產生驕傲的心態，俗話說：「驕兵必敗」。果然，在一次演講中栽了個跟斗，原因就是自己深覺太有把握，內容已十分熟悉了，因為事前已經默背好演講內容，所以通常我都不帶草稿上台，卻沒有想到過於自信的結果，讓我在演講到了一半時，腦子又發生當機，忘詞了，造成那次比賽名次十分不好。

踏入社會工作後，需要上台演講的以公司的會議及簡報為多。由於過去的演講經驗，使我在會議簡報上極有把握，因而深受公司器重。於是公司要我在在職訓練的課程中擔任簡報、會議報告的講師，培訓公司的其他員工如何做會議簡報，我心裡想著根據以往演講的豐富經驗應不成問題，為此還特別做了一個小時的投影片，也以為這樣就夠了，卻意外在十五分鐘之內就講完了，當時真是好尷尬，並且不知所措，對於公司交付如此重任，居然搞砸，真是一次大打擊，此後，使我對於每一次上台演講，都會心存警戒，不敢輕忽它。

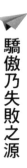

目前的我已經主講過約五千場次的演講，即使上千人的演講會，對我而言，也是輕鬆無比。從木訥、恐懼與眾人般害怕上台，走到今日的我能在台上侃侃而談、輕鬆自如，都是累積過去無數次的經驗與挫敗。

從雙腳不聽使喚，甚至擔心下一句話要接什麼，轉變為驕傲有自信的人，實際上，也是不斷地從每一次跌倒中爬起，再經過反覆無數的淬鍊下，才能達到目前程度的成就。

克服緊張的方式

據我累積數年的演講經驗，在此將自己克服上台演講的緊張方法歸納為以下數點，願在此刻與各位讀者分享，相信我能做到，你也可以。

1. 利用深呼吸：

在上台之前，先進行三次深呼吸，而且在口中說著：「我把所有的焦慮都吐掉了」，藉以鬆弛神經、解除第一層的緊張。

2. 喝一口水：

上台演講前，先準備一杯水，並且放在隨手可及之處，當你緊張時，可以隨時喝水。因為緊張時口會渴，相對地，口一渴心情就會緊張，「口乾舌燥」就是這個道理，隨之脾氣就急躁起來，因此對自己的信心就降低，越來越沒有把握，所以我建議帶一杯水上台，當口乾時，喝一口水滋潤喉嚨。這是一種生理作用，緊張會引發口渴，口渴也會造成緊張，於是藉由喝一口水可以緩和情緒與神經。

♣ 3.利用講台或移動身體：

上台後若產生緊張的情緒，可利用講台分散注意力，如果沒有講台時，就藉由移動身體，藉此分散緊張的注意力。

♣ 4.手上拿著筆或指揮棒：

這是另一種轉移注意力的方法，你可以善加利用白板，當你手中握筆時，手上的肌肉就已經鬆弛，也會將注意移轉至筆上，適時地運用白板，像是寫字、畫圖等。假設你手中沒有任何東西，在面對聽眾時就容易緊張，就算手上拿麥克風也很難放鬆，畢竟麥克風是不能動，讓人看似呆呆站著，增加緊張的成分，若加上台上聽眾不耐的眼神，這場演講就成了你的一大夢魘。

♣ 5.眼神拋給有笑容的人：

當你在台上開始心情緊張時，也可以將眼光移到有微笑的聽眾，就是將眼神拋給有笑容的人，因為這些人對你的演講是正面的鼓勵，能增加你的自信與能量。

6.上台前準備些資料：

以便作為演講時的參考與提示，不過只需要寫些重點即可。

用雙手表達真心誠意

事實上，克服緊張的最大關鍵在於「雙手擺的位置」，怎麼說呢？領悟這個要點是來自一次與我哥哥崔浩然聊天的時候，當時他告訴我，要分辨新人與資深演員十分簡單，只要看這個演員雙手擺放的位置就知道了，由於新人演戲經驗不足，多半會因緊張而手足無措，不知手應該放哪裡？在演戲的時候，雙手就會僵硬地直直擺著，面目表情如呆鵝般，不似經驗十足的資深演員，舉手投足皆自然。

當你的手足緊張、僵硬，就會影響到全身與腦細胞，所以我不想如同坊間書籍教授大家演講的技巧，而是要告訴你如何直接真誠地表達內心所想的意念，不是教你一些刻板生硬的演講技巧，或者是連自己都無法感動的手勢。在表達的過程中，若運用了過多技巧，反而缺乏真實感，然而，阻礙你表達真心誠意的敵人則是「雙手」。

我要告訴大家的是如何傳達理念的心態，如何讓自己能夠平心靜氣，然後自然地表達出真心，一個真正好的演講者要讓大家懂得定心，也就是「氣定神閒」，記得「平常心、非常力」，所以我們應該知道，所有準備在比賽的一剎那就結束了，剩下來就是以平常心對待，就演講而言，就是真誠地去面對現實，去面對聽眾及所有的一切，才能展現超水準的演出，發揮非常力。

之前所談到新進演員，總是不知道雙手應該放在哪裡？當雙手不知放置何處時，就容易造成緊張，一緊張所有的台詞也忘了，表情也不對。從與哥哥的對談中，演員的成敗居然在雙手，讓我更明白了雙手與緊張間的關聯性。

成功演說家的蛻變過程

聽眾人數多寡、掌聲、聽眾的情緒與眼神，是演講者最需要且最重視的三大要素，卻也是最難掌握的要素。所以當你能掌控上述三項因素，就能成為很好的演說家。因此，我將這幾年的心路歷程及自我轉變等，分為下列幾種類型與各位分享，想一想要如何增加自己的演講實力？現在的你是在哪一個階段呢？以下是演說家的蛻變過程：

♣ 1. 簡報主任型（精準控制時間）

剛開始上台演講的人，大多會因為害怕，所以就準備一大堆資料，也不管底下的聽眾聽得懂不懂，也許台下有一堆人正在打瞌睡呢，都不管它，只想迅速就資料講完。其實，在第一階段就是把你所準備的資料講完即可，例如：準備了一個小時的資料，就在一個小時內講完即可，此時你只要擔心是否因資料不足而讓演講提早結束。

♣ 2. 孤芳自賞型（勇氣信心已練就）

當你進入第二階段時，會出現有些自戀情形，多給自己一些信心，告訴自己「我的演講大一定會受歡迎」，有自信之後，魅力自然就出現，此時略帶點驕氣沒有關係，因為有些自鳴得意、自我欣賞是你必經的路程，一流的演說家並非一蹴及成的，所以在此階段就是要建立自信心。

♣ 3. 瘋狂瑪丹娜型（隨心運用肢體）

一旦有自信後，就不會再呆呆地站在同一地方，懂得帶動全場氣氛與情緒，就像歌手瑪丹娜在台上盡情地散發魅力。此時你可以大膽地投射眼神，忽左忽右、忽上忽下，讓台上台下產生互動與共鳴，使得全場連成一片。

4.音樂指揮家型（掌控台下情緒）

這個階段是許多演講高手陣亡之地，由於演講經驗豐富，演講者已經懂得如何控制人們的情緒，要他笑就笑要哭就哭，此階段也要歷經很久的時間才能超越。

此時最容易產生驕傲心態，以為自己的演講技巧已經到達爐火純青的地步，自恃自己的經驗夠，所以不需要準備太多資料，可以現場就地取材，就是音樂家型常犯的毛病，因此常阻礙自己的成長，畢竟台下聽眾的程度並非你所能掌握的，往往此階段常會遇到最大的勁敵——是「失控」。

由於本我、本位主義，進而產生主觀意識，開始無法與台下聽眾互動交流，有許多演講高手到第四階段就超越不過。

除此之外，因為懂得控制人性、瞭解人性弱點，千萬不要就此愚弄台下聽眾的情緒，走向不法的行為，從事行騙把戲，例如神棍。

5.吸星大法任我型（不懼負面挑戰）

走過失控經驗的階段後，演講者對台下聽眾的反應就更加重視，所以聽眾的反應主導著演講者的情緒。

台下聽眾通常可分為兩大類別，第一種是贊同你的理念者，也稱之為正面的能量；第二種則是不贊成你理念的人，這些聽眾的眼神就會露出不屑、反對，或者是開始打瞌睡，這對於演講者來說，就是一大挑戰，這是一種負面的能量。

演講者都是渴望台下聽眾的掌聲與認同的，若負面的能量過多時，會影響演講者繼續往下講的情緒能量與動力，並且喪失信心，此時，我教大家一招吸星大法的功夫，這套功夫就是立即將自己的眼光轉向對你發出關愛與贊同眼神的聽眾身上，利用吸收正面的能量，來化解之前負面的能量，這就是吸星大法。

♣ 6.元神出竅型（教學相長能創新）

這是演說家極高的境界，此階段的演說者懂得藉由台上台下之間的互動自我成長。也就是在演講的同時，藉由互動而創新的理念，在超越這場演講的原本主題，利用教學相長的方式，也善用就地取材去創新觀念。所以每一次演講，就是另一次自我能力的提升。

♣ 7.偉大佈道家型（有教無類善行天下）

佈道家的心態是一種使命感，最後的階段是完全以未來的眼光看待，已經沒有自我的空間，純粹是為了傳達真的理念，已經脫離肉體上的緊張，是因為對未來擁有使命感的緣故，生理上的身體就擺脫了緊張。

那麼，如何讓演講能更成功呢？以下筆者列出一些建議供讀者參考。

第一、提早到達演講會場

如此一來，你可以先熟悉場地與環境，其次，在演講之前先多收集、了解參加來賓的資料，如聽眾的年齡層、教育程度、性別等，可向主辦單位詢問，這樣能使你的這場演講不易脫離來賓的需求，最後要事先試試音效燈光，避免一些小細節的錯誤，影響了整場的演講會。

第二、大型演講會之前不要吃太飽。

第三、上台前有五至十分鐘的緊張反倒是好事，無需太在意。

第四、腦海要不斷地默背演講的內容大綱、要點。

第五、衣服顏色、款式需要配合時間與題目內容。

第六、多運用彩色圖型檔，增加視覺效果。

第七、善加運用音效與燈光，以增強聽覺效果。

第八、可善用鏡子來練習及運用攝影機來自我檢討。

第九、絕對忌諱上台一開始發言即說：「今天講的不好，請多原諒」，如此一來，會讓聽眾有不好的感受，也表現出自己缺乏自信心，焉能讓聽眾信服呢？

所以要成為一位成功的演說家，都需要經過上述步驟中所累積的經驗而轉型，只有在不斷地跌倒、爬起、再跌倒、再爬起，反覆無數地磨鍊，自己的演說實力才能逐漸增強，就像一隻美麗的蝴蝶也要經過不斷地蛻變才能成長。

各位讀者，你現在正走到哪一個階段呢？

Test Question

影響力測驗題

- □ 1.你受男性歡迎的比例超過30％嗎？
- □ 2.你受女性歡迎的比例超過30％嗎？
- □ 3.你受30歲以下人士歡迎的比例超過30％嗎？
- □ 4.你受50歲以上人士歡迎的比例超過30％嗎？
- □ 5.我能自己寫演講稿嗎？
- □ 6.我喜歡在眾人之前接受掌聲？
- □ 7.我有信念與使命感嗎？
- □ 8.我有傳承下一代的概念嗎？

Chapter

3

能量加減乘除

Human Quotient

Human Quotient

勇闖六大谷口

人、人、口三字合起來就是谷字，也就是人人都可能困在谷中，但那就叫「人生」，為什麼我們不稱之為「人熟」？因為人生的前方我們永遠不知是活路？是死路？但還是得闖！

接下來要和各位談的是哈佛心理學研究的報告，我將它稱之為：「六大谷口」。人生有一定的道路要走，但在這一定的「生、老、病、死」的過程中會有許多的考驗與險阻等著每一個人。

因此眼前的谷口之路，我們也就別無選擇一定要闖出去，才能再見到另一個廣闊的地平線。如下頁圖所示分別為：環境、行為情緒、能力、信念價值、自我認

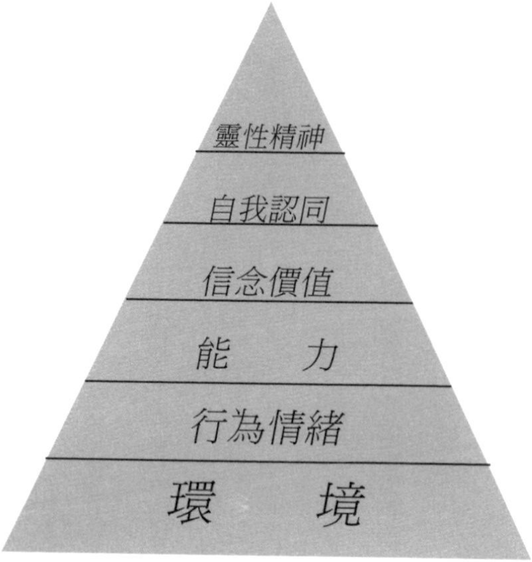

同、靈性精神，這六大關的第一關就是「環境谷口」，我把它分成兩個類型：第一個類型是「氣候環境」；第二個類型是「人文環境」。

記得我八、九歲當時還住在羅東的時候，每逢夏天一定會有很大的颱風侵襲，所以書包與小狗是我逃難躲大水時一定要帶上的重要寶貝。

大自然環境可以隨著搬家改變居住地達到某種程度的改變，所以我十二歲那年會搬到台北，相信這也是我父母考量的重要因素之一。南半球、北半球、歐洲、亞洲、美洲……大自然雖然也很多的氣候環境上的差異性，但只要你有足夠的財力一定能讓你找到自己最想要居住的生活環境與氣候品質。

但「人文環境」的挑戰就屬高難度，為什麼許多人終其一生其出生地與死亡地是同一地點，「熟悉」是他們不搬家的最佳理由。但人都希望往高處爬，朝好的居住環境搬遷，最重要是向更高水平的文化搬遷，可以向國際化、全球化移動是最佳選擇。

「家」是培育下一代的搖籃，這也是我父母當時在生活困苦的情況下，仍然執意要從羅東鄉下搬到較高人文的台北；由於那次的搬家改變我的一生，因此也給了我足夠的勇氣決定這次的移民行動，給我足夠的勇氣在五十歲的年齡選擇放下台灣；放下一切熟悉的生活及事業去挑戰不同國際的人文環境，這樣的舉動在朋友眼中簡直是：「瘋狂」，但了為下一代一定要勇於一試。

孟母三遷為的不就是追求一個合適的環境，搬家是人一生很重要的課題，搬家更是培養下一代很重要的工作；「家庭」會影響世世代代能否興旺，而家的居住地則是需要選擇一個舒適宜人的氣候再加上人文優雅的環境。

突破修行室

Why：出污泥而不染是奇蹟。

Think：我想出類拔萃嗎？

How：運用想像力去看十年以後的畫面。

Human Quotient

樹下的古巴人——環境谷口

朋友會為你開出最好的情緒解藥，只要我們張開雙臂，永遠都會在世界各地找到好朋友。

爸爸我現在很「膨」，有很多朋友了，「膨」是我兒子（Timothy）的口頭禪，就是很棒的意思，兒子告訴我這件事已是我們移民到美國後過了七個半月的時間。兒子描述剛開學時自己一個朋友都沒有，尤其在學校舉行的迎新會（Welcome Party）上，簡直就被遺忘像是不存在的一個人似的。

回想兒子告訴我，有一天他看到一個瘦小同學坐在樹下，他鼓起勇氣走向前與他交談，原來他是一個古巴與中國的混血兒，從此之後Timothy就開啟交朋友之路，雖然在新環境交朋友對一個亞裔的高中男生是困難的，但如今，Timothy能將韓國人、日本人、美國人、拉丁人、中國人，這些不同種族其各自不同的特質與優缺點精準掌握，並與他們互動合作，做父親的我心中有著無比的興奮與期待！

「行為情緒谷口」必然是受制於環境的改變，在環境改變中影響行為情緒最重要的是「陌生感」，在最近的三個月我遊走在洛杉磯、台北、上海三地，對這三個地方心中總會有那股不安與煩躁。

雖然曾在華航任職，早已飛遍全球，一個月換六、七個國家是常態事，但是這一次的情形卻完全不同，因為在三地之間夾雜著事業、家庭、感情等複雜的因素。

全球很多的大企業在選擇CEO執行長調派不同國家時，往往只給儲備人選七十二小時的考慮時間；但是人是拒絕害怕移出自己所熟悉的環境，改變新的環境的，移動將製造成巨大的波浪，有的人就會在這巨浪中被吞蝕，而保守就是避免被吞蝕的最佳策略。

但新環境或是困難的環境往往會給人們激勵出最好的想法。現在已是地球村，顯然每個人都已經無法拒絕移動，所以氣候變化、人文的變化都是我們必須去學習適應的。

記得女兒大約八歲時，我和她一起觀看世界地理雜誌頻道，電視中的人員不但可以跟猴子玩，跟猩猩玩，也可以和老虎玩，奇怪的是那些猴子、猩猩、老虎完全都不會咬人，於是我問女兒為什麼？

女兒回答：「一、他模仿動物；二、他臉上一直有笑容；三、他內心充滿愛心。」這個回答讓我愣了半天，怎麼女兒會觀察得這麼細微，真是令我既感動又佩服。

這個答案不正好是我們在面對陌生的新環境時，應該要有的熱情與行為嗎？

突破修行室

Why：人無法孤單地行走。

Think：朋友是我們飛向世界的一對翅膀。

How：多保持赤子之心。

Human Quotient

是主角？是逃兵？——行為谷口

不能老是吹著口哨告訴自己：「開心、快樂就好」，那只會讓你的人生，從瀑布上摔下來。

掌聲、讚美、肯定、獎品，這一切美好東西，只會被一個人擁有——那就是「主角」。

人一生內心最底層的聲音就是渴望能讓自己成為一個真正的主角；但挫折、失敗又製造了一個避風港，它的名字叫「快樂」，在經過考試比賽競爭之後，輸的那一方總是會說不要太計較，只要開心、盡力就好了，人生是要追求快樂，不是追求第一。你是不是也這樣安慰自己呢？

太多數人在遭到打擊、挫折之後總是用快樂做擋箭牌，用環境情緒當作藉口，想從挫折中站起來的第一件事就是要針對自己的「能力」進行徹底檢討。

很多台灣父母一直在訓練自己的小孩做逃兵！只要小孩的功課成績不好，第一個反應就是台灣教育有問題，所以，把小孩送到森林小學，每天回家不要有功課（以為美國就是這樣），真是大錯特錯；另外一種想法就是送到國外去唸（又是大錯特錯），至於美國教育系統筆者會在後面章節再做討論。

台灣的教育並不是完全不對，只是「贏在短期，輸在長期，強在計算，弱在思考，多在知識，少在活用」。

這次移民的目的我和太太與其他父母的想法一樣，希望給小孩好的學習環境。我與太太二人的姪兒各自都已進入台灣第一流學府，分別就讀台灣大學財經系與台灣大學法律系，我的外甥也進入中國醫藥學院牙醫科，從他們優秀的表現讓我看到了更大的天空。

我不是做逃兵的心態，而是要做主角的想法，我瞭解未來世界的趨勢是亞洲主導，更瞭解華人的優點與缺點。為了達成這次移民目標，我們花費十年的心血在兒女身上培養英語能力。

尤其是女兒在兩歲還不會說話時，就已經在看英文版的迪士尼卡通錄影帶；但中文與數學更是他們的拿手科目，中英文演講比賽常常得到好成績及獎狀。

特別是哥哥八年級是他在台灣的最後一年，因此我與兒子訂下的策略是全力衝刺數學與理化科目。因為台灣的數理科目進度一直保持領先美國一～二年，如今在美國兒子的成績果然在數學、生物，當然包括英文、CDRO、體育全部都得A（straight A）的優異成績。

筆者並不是要炫耀自己兒子的成績，我曾經跟兒子溝通討論過要不要將他的成績部分寫出，但身為教育訓練工作者及寫作工作者的我，似乎已無選擇，為的是想釐清一些觀念及想法，所以也只好犧牲兒子的隱私。

相信讀者一定會反應孩子會不會壓力太大，沒有童年的快樂。但是放任式的快樂就會比較好嗎？相信每個小孩一定希望放學後可以玩電腦、玩電動、看電視，學校的功課一定都是放在最後草草了事，甚至不做。

我們要深思一下上學的目的與考試是為什麼？這也是我一直與小孩溝通的方式，上學的目的是讓我們在一種習慣性的系統中去得到知識、養成思考力；考試的目的是檢查自己這段時間在學習上吸收、消化的比率。

從幼稚園到小學到中學到高中到大學，一直在反覆訓練與檢驗，所以世界名校的學生一出社會為什麼能力就是比一般人強？如果在童年階段在課業上做了逃兵，又豈能期待可以在漫長人生上做到主角？如果有，那是極少數的天才。

更何況天才也要反覆被磨練，就像高爾夫球的天才名將老虎・伍茲，當他在二〇〇五年被他父親送到美國陸軍扁帽訓練中心去鍛鍊體格，當時就有非常多人持反對意見，而如今的老虎・伍茲，非但一直破紀錄，更甚至持續在改寫紀錄。

放任的快樂童年，雖然表面上沒有課業壓力，但社會會帶給他更大的「淘汰壓力」。

學校教育，尤其是中小學只是培養最基礎的

突破修行室

Why：全球是單一市場的競爭。

Think：愛上學習，愛上挑戰。

How：重複再重複地導引學習的價值。

知識，如果連最基礎的知識父母都鼓勵小孩去當逃兵，那就千萬不要持有「兒孫自有兒孫福」這樣投機的想法。

不要太低估了人性的惰性，更不要相信無壓力自然成長的方式。看看最近轟動美國的虎媽教育模式，雖然虎媽的模式不足以完全的採用，但我們可以參考林書豪母親的教育模式吧？林媽媽可是來自台灣彰化，林媽媽對林書豪想打球的志向，只有一個要求，那就是功課一定要保持A才會同意林書豪繼續打籃球。只有正確的想法、適當的壓力，才有機會激發每一個小孩的無限潛力。

Human Quotient

枯草、落葉化春泥——價值谷口

結合汗水、淚水、血水才會轉換成動力的泉水。
任何一個新生命體都需要源源不斷的動力泉水來灌溉它。

二〇〇七年二月農曆新年的前兩天，我和太太兩人飛向了洛杉磯；那次前往美國的任務非常艱鉅，因為我們要決定移民到美國我們一家所要定居的城市；但是決定定居的城市首先考量的是以兒子就讀的高中為決定關鍵。

所以，在這十幾天期間，我和太太每天都馬不停蹄地在洛杉磯的不同城市中找學區、找房子，不停地詢問所有可問的朋友，更甚至到華人開設的補習班打聽，在這十天之中真的非常難以下任何決定。

雖然這次的行程中，每天開車開到腳抽筋，但幸運地我們認識了一位對我們非常重要的朋友Polly，感謝她很熱心地提供我們許多資訊與資料，讓我們在短時間內就能了解，美國高中初步的輪廓，真是收穫滿滿。

二〇〇七年六月十二日我們全家正式移民到洛杉磯，但此時我們仍然還不能決定居住在哪個城市？在那段時間我和太太仍然持續在找學區、找房子，真的很困難。

最後，在一項很重要的資訊，讓我們抓到決定方向，由電腦網路上找到公立高中排行榜（Public High School Ranking）從這個高中排行榜找到了一所West High，這所高中的成績是全Torrance City（托倫斯市）最優秀而且在全加州評比也是數一數二的，更重要的是這個城市有我們的親人。

九月，兩個小孩都開學了，我和太太每天最緊張的就是兩個小孩在學校的反應，因為看到他們的課本每一本都厚達一千頁，我們夫妻倆真是替他們捏了一把冷汗，雖然我們一直對一雙兒女的英文深具信心，但畢竟此時要進入每天上課都要用到聽、說、讀、寫的全英語課程，那種難度是非常高的，尤其是妹妹，第一天開學我和太太一起送她上課，聽到老師講話速度非常快而且略帶嚴肅的表情，我們夫妻倆在心裡想：糟了！不知道妹妹聽得懂嗎？想想當時妹妹在台灣時雖然一直有參加美語老師的課程，但記得當時每個老師教學的表情都是充滿笑容……

下課後我立刻問妹妹上課聽得懂嗎？妹妹毫不考慮地回答：「我聽不太懂！」心裡真是非常心疼，一個十歲小孩要挑戰母語以外的語言，是不是太為難她了。但三天之後情勢改變了，寶貝女兒說她幾乎可以完全聽懂老師的機關槍速度的上課內容；在開學後一個半月，有天女兒很開心地告訴我們，她的作文被老師張貼在全校的佈告欄上發表！

現在女兒不但功課可以拿A+外，又發揮了她的特質——老師的好幫手，因為另外有一位台灣同學同時與女兒同時進入五年級同班，老師已請女兒做翻譯人員從旁協助，其他同學如果沒有上課，她還會主動幫忙同學補課。看到女兒現在每天很開心地上學，所有以前的辛苦、努力都是十分值得的！

現在回頭看看兒子的狀況，他是九年級也就是美國學制的高中一年級，課業上自然是更加吃重。每天回到家的那一刻，我和太太更是緊張地問他學校課業，但兒子總是用微笑帶過，接著說一句：「有一點膨！」。

後來，我和太太索性也學他的口語，每天都問他：「今天膨不膨？」就這樣懷著忐忑不安的心過了一季，兒子的Progress Report（成績報告）拿回來全部都是A，讓我們夫妻倆總算是鬆了一口氣。

我們為什麼要讀好大學？我總是讓孩子思考這個問題，尤其是我們每週五的家庭會議上常常會反覆詢問他們這個問題。

妹妹總是喜歡搶答：「因為有知識可以做自己喜歡做的事」，「你將來喜歡做什麼事？」從八、九歲時起，妹妹的答案都是「當老師」。從小她就喜歡教人學習，照顧所有比她小的弟妹，所以，自從開始上幼稚園起，她就一直是老師的好幫手。

星期五的例行家庭會議是我們很重要的行程，每次會議我們訂為四十分鐘但大多時候會超過時間。在會議中都是兒女先報告這一週的學校情形，包括學習、交友、學校活動；以及家庭旅行計畫都是在這樣的形式中產生決議。以前在台灣時都是以訓話的模式，但到了美國，我們改變成這種會議模式，可以訓練小孩的表達能力，及討論溝通的能力。

有一次會議中我們討論利用春假開車前往舊金山旅行。去舊金山有兩個目的地：一是旅行；二是參觀名校Stanford University（史丹佛大學）與UC Berkeley（加州柏克萊大學）。

在這之前我們已經參觀過了UCLA（加州洛杉磯大學），UC Irvine（加州爾灣大學），UC Riverside（加州河濱大學），UC San Diego（加州聖地牙哥大學）。

過去在台灣時，寒假因為時間較短，我們全家會去東南亞國家旅行——香港、泰國、新加坡；暑假因為時間較長通常會到美國探親兼旅遊，順便參加美國的夏令營（summer camp）。在過去這幾年中，我和太太一直在小孩的旅遊學習上投資許多。

中國的父母一直都有個信念——「望子成龍，望女成鳳」。有次女兒在學校被老師問到：

突破修行室

Why：期待是人生最美麗的畫面。

Think：做自己的主人。

How：陪伴成長，參與成長。

「妳的媽媽也會像虎媽那樣教育妳嗎？」我女兒說：「是的。」當然很多外國人不以為然，但這就是中國人的文化。但請別忽略每個陪同小孩成長的父母的付出，除了表面上的體力之外，其實在他們內心看不到的那份煎熬、壓力，絕對不亞於他們的小孩。可是看到小孩能在國際地球上承擔自己的人生，那一切一切的汗水、淚水、血水又算得了什麼呢？

Human Quotient

柳暗雲散見青天——能力谷口

太陽常會躲在雲的背後，讓我們看不清前面的路，但只要專心踏出每一步，必可長驅直入，開創高峰。

每天在洛杉磯中文頻道洛城18台上總會出現一個廣告「想把你的小孩送進哈佛系統名校嗎？」由於兒子對自己的成績越來越有信心，於是提議將這卷ＤＶＤ買回來研究一番。幾天後我們收到這卷ＤＶＤ，看完真是震撼極了，讓我們全家對美國教育有了重新而深度的認識，我對太太說：「難怪哈佛畢業生是這麼優秀！」

在美國的華人總喜歡說：「小孩不但要會讀書，更要會玩！」這真是非常嚴重的偏差！

尤其是台灣的教育「贏在短期，輸在長期，強在計算，弱在思考，多在知識，少在活用」。所以，很多華人以為「玩」能創造優秀的人才，但事實是不可能的。美國教育制度是一個由淺入深，但沒有時間限制，根本就是培養「天才的制度」。

我們先來看看那些長春藤聯盟名校（Ivy League）是如何挑選學生？這些名校是以以下三種成績來篩選最優秀的學生：

1. **Academics（學科）**

2. **Extra Curriculars（課外活動）**

3. **Personal Qualities（人格特質）**

所謂Academics（學科），它分成兩項成績，第一項是「SAT」，也就是亞洲人所熟知的大學入學測驗。另一項成績就是「GPA」，這項成績的計算非常細膩且公平，它是以一個學年來計算成績，在一年中又分四個Quarter（四季）兩個學期來計算。而第一Q及第二Q是累計為一學期，第三Q及第四Q是累計為一學期。

而「GPA」的評分內容又是十分繁瑣，老師評分是依據學生上課的心態，互動情形（尤其是發問），作業繳交是否準時（回家做的報告特別多），上課是否準時出席，平時考試成績以及家長參加學校會議出席與否，以及Final Test（期末考），以這麼多的每日評估成績項目來考核學生高中四年的成績。

更奇妙的是所謂Final Test（期末考）跟我們在台灣的觀念完全是相反的，因為台灣的成績單幾乎都是以期末考的成績為主要總成績來源，並不太重視學生平時交的作業或小考成績。

但是，美國的成績計算卻是重視平常成績，所以兒子反而在Final Test（期末考）期間，居然能悠悠哉哉比平時更輕鬆，這與台灣期末考的緊張氣氛相比，簡直是完全相反。

我和太太正在納悶時，兒子打破沉默告訴我們他可以不用考Final Test（期末考）成績一樣是A，那些目前成績是C或是F的同學就算Final Test考滿分也沒有辦法拿到A的成績。

啊！我這才恍然大悟什麼是「養成教育」，就是不要開夜車，不要臨時抱佛腳，不要應付「考試」，不要只會考試，點點滴滴來自平日學習的累積。

記得兒子剛剛開學時有一天回家很生氣地說：「今天出的是什麼功課？」

「別生氣，你慢慢說給我聽是怎麼一回事？」

「數學老師要我們寫一篇報告，在第一章到第五章我們能學習到什麼？」原來老師是要他們先思考。

思考才是數學的本身，計算是想法的表達過程，所以，有一次老師改兒子的考卷，答案雖然正確但演算過程卻不夠詳細，依然沒有給他滿分。

美國這套「GPA」的分數計算模式真是讓人佩服，老師絲毫無法偏心，更無法偷懶，甚至要更用心努力與Counselor（課業指導老師）共同發現成績好的學生，鼓勵他們上更高階課程——Honor或AP（大學先修課）。

Honor（進階課程）的教學進度較一般同學上的Regular（普通課程）進度快而且深，所以在Honor（進階課程）課拿到A成績是比Regular（普通課程）拿到A的「GPA」計算成績較高。更優秀的學生可以上AP（大學先修課）課程，AP就是在高中階段修大學的學分。

所以，美國的學業沒有所謂輕鬆或不輕鬆，完全看自己的企圖心，高中四年可以完全上Regular（普通課程），也可以上Honor（進階課程）或是上AP（大學先修課）課程，學校老師不勉強，一切由學生自己決定。所以「SAT」與「GPA」同時拿高分是絕不可能有僥倖的機會。

所謂Extra Curriculars（課外活動），是針對每一個人的領導能力（Leadership）做評估，高中四年中有沒有在Club（社團）有傑出表現，這些Club（社團）都是學校以外的活動表現，諸如：義工社區服務、音樂、體育、戲劇、舞蹈、寫作、編輯、學術科學等等，能否在學校、社區、城市、全國甚至世界競賽得到優異表現與貢獻。

就是因為除了課業以外還有這麼大的揮灑空間，是最吸引我們移民的因素之一，因為妹妹從小一直都很喜歡音樂，五歲起已開始學鋼琴、小提琴、笛子，更在寫作上發揮極有想像力的文筆，美國的學校教育正適合妹妹這樣一個有才華的女孩！

Personal Qualities（人格特質）最重要就是看你的自傳，評選委員會從自傳中看出一個人的獨特性，最重要的是評選委員要從幾萬份申請人中找到與眾不同且能為學校注入新血，為社會帶來重大改變能力的人。

如果這些資料都審核過，將進一步做Interview（面談），評選委員會到申請者的學校與Counselor（課業指導老師）進一步討論，以及打電話到申請者義工服務過的機構查詢。從這三項評審的過程讓我真的很震撼，更是感動，美國大學對評選學生是如此的慎重與用心。

王永慶先生是天才，所以他可以自主訓練、自主管理，但是我們一般人唯有透過小學、中學、高中、大學，不斷地訓練與學習才能達到成長。所以，一個高學歷的人並不是代表他的智商較高，而是受過較嚴格及系統化的訓練及考驗，所以出了社會，當他遇到問題時，高學歷的人較能在短時間內找到問題的核心及解決方案，因為高學歷的人會運用知識及系統性的思考。

突破修行室

Why：要享受贏的感覺。

Think：如何成為團隊中5%領先的人。

How：不斷參加競賽。

Human Quotient

神駒、野馬、玩具馬——自我認同谷口

人生的定位與方向將左右你的執行力，挑戰你的意志力。

爸爸我需要買一套西裝，CDRO（Career Development Research Orientation生涯發展定位）課程報告時要穿。

CDRO（生涯發展定位）真是一門很棒的課程，老師會要求學生藉由不同角色的模擬扮演，透過真實訪問後再做成投影片上台報告心得；經由多次的模擬去尋找自己真正的未來事業發展方向。在這學期兒子嘗試選擇銀行經理、飛機模型經營者及自我未來職業定位分析，總共上台報告三次。

學非所用是我們這一代最大的悲哀，換工作或許不會有太大爭議，但換行業可是人生最大的挑戰與痛苦，記得我姪兒唸高二時他告訴我他很想當醫生，我問他為什麼？姪兒回答：「聽說醫生可以賺很多錢。」

當時我倒吸一口氣，再仔細問姪兒：「你想像一下十年以後，當你順利唸完醫學院，有一天你穿上了醫師白袍，坐在急診室，突然來了一位病患全身有一股臭味，衣服又破又舊，滿身是血，你會立刻撲上去為他急救嗎？」

姪兒頓一下嘴角略帶微笑說：「叔叔，恐怕很難吧！」從此姪兒再也不提他要當醫生的事，現在他已經很開心地在研讀台大法律系。

地球村的競爭一切比的是專業，比的是耐力持久中的爆發力，在這樣的競爭中一定要選自己喜歡、自己熱愛的工作，否則很容易就枝折樹倒。

二〇〇八年是移民到美國第一次過中國農曆年，我的岳父寫幅對聯送我——「教導成功匡企業，德澤萬民喜滿盈」，這幅對聯道盡我的心聲與目標，這是我四十多年付出無數的心血才找到的一生定位。

因為過去自己在學生生涯並沒有兒子那般幸運，會有CDRO（生涯發展定位）

的課程，幫助我們探討、摸索自己人生的未來。前些日子，筆者和一群好朋友（皆是年近五十歲）討論過去、現在與未來，其中有一位是我三十年以上的同學，他很感慨地說：「同學，我從來沒有規劃五年、十年的未來計畫，永遠就是抓緊每一年。」我接了一句「never too late, never too early」（永不嫌晚，永不嫌早），抓住確定自己一生所要的方向及定位確實是一件艱鉅工作。

其實，我們可以從兩個方向來幫助自己及小孩找出定位與方向：

一、遺傳基因

二、想像模擬

遺傳基因不但要檢視自己這一代，更需要往上幾代去找尋。我女兒在學鋼琴的初期，有一天她從網路上聽到一段音樂，她居然立即就可以用鋼琴將曲子彈奏出來，簡直讓我和太太難以置信，因為我們夫妻倆人可以說是毫無音感；經過分析追蹤後，我們才發現我的岳母是學聲樂的緣故。

當時我和太太以為家裡會有一位鋼琴家誕生；但隨著年齡的增加，在運用想像模擬方法後，女兒似乎不喜歡獨奏表演鋼琴那個畫面，雖然她一直喜歡活在掌聲中，但始終無法與鋼琴連結成一個畫面。

但是當音樂、教學、掌聲融為一體時，那個畫面就能讓女兒陶醉在其中。

你曾想過你的人生要的是什麼？很多人都回答不知道；另外一種就是要的很多，什麼都要，又是錢，又是房子，又是健康，又是兒孫滿堂……。而筆者自己呢？當我六十五歲時最期望的畫面是看到許多人都在看我寫的著作；八十歲時在公園教人打太極拳，這兩個畫面是長期以來一直激勵我努力的畫面。

突破修行室

Why：不要輸掉整個人生。

Think：我如何可以青出於藍？

How：找到生命中的興趣。

Human Quotient

休息真的會走得更遠——心靈歸屬谷口

心靈的力量是自我價值觀貫徹與昇華的新力量，所以心靈的力量，不會因為時間、空間的改變而消失。

移民美國至今已四、五年過去了，在剛移民的前八個月中除了回一趟台灣與去中國大陸一個半月在事業上再重新佈局，除此之外，那段期間內心的起伏，真是一段很奇妙的旅程。

在剛移民美國前兩個月，由於我停止了所有事業上的工作，全心全力在安頓家人與小孩的學業，身心上真的是完全放鬆；在加州陽光下藉著游泳及盡情揮杆高爾夫球，練就了一身古銅色的肌膚，女兒更稱我為「肌肉男」。

外型不但擁有強壯肌肉，內心對自己未來事業發展更是具有無比的信心，雖然要重新到中國大陸發展，但內心深處仍然存著台灣近年的輝煌紀錄，簡直可用「勇者無懼」來形容當時自己的狀態。

但隨著時間的流逝，到了中期也就是來到美國第五個月的中期時段，小孩的學業都已上軌道並表現優異，當家庭生活的步驟與節奏一切都非常穩定之時，自己的內心卻產生了極大的變化，可以用美國大峽谷空蕩蕩來形容當時的內心世界。

那段日子，筆者常常在半夜睡夢中驚醒，那勇者無懼似乎多了一份空虛及擔憂，過去那份輝煌紀錄不再可靠，非但如此，那份記憶也慢慢在轉淡，在消失中……

父親已經過世六年了，記得六年前捧著父親的骨灰罈安置在台北松山國軍公墓之時，腦袋是一片空白，只想趕快處理完一切事務，好讓母親不要過度悲傷。但六年後的今天，父親生前的所做所為卻在我腦中越來越清楚浮現，一幕幕人生教誨的畫面不斷地輪播著——

一九七三年父親載著我騎著一小時的摩托車去學校報到，那是開學典禮的第一天；在一九九〇年我初創業時，父親用毛筆大大地為我題了「信用」兩個大字。

父親最後臨終之時我曾默默在他耳邊，答應要努力為崔家創造一番事業，請他安心！父親的生命雖然已經長眠休息，但精神卻又在我驅體中重新點燃動力。

在美國的家有一幅父親送給我兒子一幅公雞的畫，因為我父親、我及兒子生肖都是屬雞，因此我父親就特別畫了此畫送給他的孫子，這幅畫就成了我們的傳家之寶，因此這幅畫將永遠保留我父親的愛於世世代代之中……。

兒子有一次問我：「爸爸，你能寫出一本像老子那樣的好書嗎？」我回答：「給我時間，我會努力，能不能成功，我不知道，但我一定會在有限的生命去創造這一生可留傳百世的好書。」

突破修行室

Why：心的力量能化解一切的困難。

Think：真愛最偉大。

How：珍惜與父母相處的每一刻。

「傳承」是我內在最好的註解，我父親留下一幅好畫，我一定要留下一生好書，傳承下去。

人的身體會疲勞，心靈也會有暫時性的空虛，但疲勞、空虛都是讓我們再進化的機會，因為沒有疲勞、沒有空虛，我們不會停下腳步自我檢討、自我回顧，只有我們回頭一看，覺得過去的我是那麼幼稚、那麼不成熟，那份驚於覺醒的力量，才會再度驅動我們努力向前創新，因為過去的紀錄已不再輝煌，不再可靠，那份休息後昇華的心靈力量也就更驚人了！

Chapter

4

能量平衡法

Human Quotient

Human Quotient

海天、陰陽，本是一家人

這個世界沒有絕對論，卻有正反的相對論，所以好壞、是非、正負，一定是同時並存的。

害怕、恐懼、擔心，都是一些最不好的想法。

看著我們滿載玉米，一萬八千噸的商船筆直地朝著一線行駛過去（這是當年我畢業實習的經驗），這條線已經將海天連成一體，畫面分割成左邊是光亮的海天一色，右邊是黑暗的海天一色。

那是二十多年前我在海上實習時的一個畫面，那時的我通常在輪值下班之後總喜歡站在船頭享受海風迎面而來的美妙感覺。

記得那天是從日本橫濱港出發航向新加坡的太平洋海上，當時既沒有在船頭看到可愛成群結隊愛耍特技的海豚，更沒有萬里晴空海天一色的美景，卻只有風雨欲來前的寧靜，那光亮和黑暗的強烈對比，令人有種窒息的恐懼。

我心中不停地祈禱！智慧的值班航海人員趕快將船轉舵，千萬不要駛向黑暗的那一邊，一定要駛向光亮的那一方……

某日下午二點五十二分，女兒下課後吹著口哨又跑又跳，一見到我就對我說：「Daddy，今天有一個good news；一個bad news，你想先聽哪一個？」我一定會說：「先聽bad news。」

三點零五分回到家見到媽媽，女兒也同樣問媽媽：「今天有一個good news；一個bad news，你想先聽哪一個？」媽媽的回答一定是：「先聽good news。」女兒再拿出成績單，媽媽一定第一句話就說：「怎麼這麼粗心？這明明就是可以對的……」而我的回答卻是：「女兒，妳考得好棒！才錯一題！」

我和太太的處理方式誰對？誰錯？其實這並不重要，而是我們的方式加在一起是均衡的，一邊是督促；一邊是鼓勵（有陰有陽）。

船雖然可以不斷地轉舵，但別忽略風和雲也隨時都會轉向；人不一定永遠需要光亮光明的順境！

老子《道德經》第四十二章是老子學說中很重要的精髓所在，第四十二章所談的是：「道生一，一生二，二生三，三生萬物。」這裡的「道」指的大自然的運作模式，以前大家都很喜歡說「人定勝天」，似乎科學越是發達，人們越懂得尊重大自然現象。

「一」指的是太極，「二」指的是太極中的陰與陽，「三」是陰與陽相互融合後的合諧均衡狀態我們稱之為「三」。生萬物，就是大自然的現象已經達到欣欣向

道生一，一生二，
二生三，三生萬物

萬物負陰而抱陽，沖氣以為和。
人之所惡，唯孤、寡、不穀，而王公以為稱。
故物或損之而益，或益之而損。
人之所教，我亦教之，
強梁者不得其死，吾將以為教父。

榮的境界。請看右頁圖示：

《菜根譚》這本書中就有那麼一段話：

草木才零落，便露萌穎於根底；

時序雖凝寒，終回陽氣於飛灰。

肅殺之中，生生之意常為之主，即是可以見天地之心。

這一段的大意就在告訴我們：落葉蘊育萌芽，生機藏於肅殺，就如同太極圖陰中帶有陽，陽中帶有陰。

人生高高低低、起起伏伏，縱然是體無完膚、咬緊牙撐過去，明天或許你就蛻變成一個打不倒的戰神。

突破修行室

Why：人在做天在看，世界是公平的。

Think：有容乃大。

How：多運動，多讚美別人，多助人，多捐血。

Human Quotient

旭陽、烈陽、夕陽

旭陽給人們帶來「希望」。

烈陽給人們補充「能量」。

夕陽給人們帶來「回憶」。

接下來，我針對太陰圖中的「陽」，將它分類成三種不同的類型：

♣ 第一型旭陽：

薄霧的清晨從東方露出的那道曙光，總是讓很多人熬夜或起個大早，盡一切力量去捕捉，因為旭陽給人滿滿的希望。

♣ 第二型烈陽：

雖然高達攝氏四〇度的高溫，但就是有人會選擇躺在沙灘上戴著耳機、太陽眼鏡，更甚至有人會全身赤裸地去擁抱它，造就了無數古銅肌膚的俊男美女。

♣ 第三型夕陽：

站在山頂，或是站在海岸邊看著那在雲端、在海洋水平線所灑出的金黃色光芒，真是讓很多的戀人留住愛的記憶。

旭陽東昇雖然給人們帶來無限希望，但有人卻會說別傻了睡眠比較重要。所以我常問我的高爾夫球友，我們天都沒亮就出發去打球，別人看我們會不會覺得我們是瘋子？答案肯定是會的，我太太就投了一票。

烈陽給你一身古銅肌膚及維他命D，又有人會說：別傻了！古銅肌膚還沒有得到卻搞了滿臉皺紋，又會得皮膚癌；攝取維他命D？別笨了，哪需要曬太陽，吞兩粒維他命就夠了。

美好夕陽給了許多親密的戀人有了最美好而浪漫愛的回憶。每個星期週末我總喜歡帶著全家開車到洛杉磯住家附近的Redondo Beach去看夕陽，但絕對會有人說夕陽真的很美好，但夕陽沉海落山的那一剎那太快了，讓人覺得有些淒涼。

旭陽的希望，烈陽的健康，夕陽的美麗，人總是既喜愛又怕受傷害，卻又能將希望、健康、美麗注入到每個人身上，關鍵就在我們有沒有學會陽中帶有陰的呈現方式及技巧。

華人世界著名的大提琴家馬友友，有一次在接受訪問中被問到為什麼他在演奏之前，不會像其他的演奏者那麼謹慎地在表演前不斷地練習。馬友友先生說：「因為我是抱著跟聽眾來報告的心態，不是來表演的心態。」少了那表演的想法，自然投射出來的光芒就不會像是正中午十二點的烈陽那般傷人。

旭陽、烈陽、夕陽，都是人們的最愛！最想擁有的！只是因為害怕受傷的心態使然而不願立即去面對它。

所以老子說：「曲則全。」這個「曲」就是告訴我們要懂得運用時間來保留空間，給對方一點時間，緩和一下情緒才能想出好方法。例如：塗上防曬油不是可以避免紫外線對皮膚的傷害，多一點笑聲是不是可以讓夕陽的回憶增添一份甜美，找個好朋友一起看旭日的朝陽，不就能克服那份早起的孤獨。

體認那份溫和而柔美的力量（陽帶陰），回頭再看老子那句：「強梁者不得其死，無將以為教父」。老子並不是不讓我們凡事都不出頭，是希望我們要懂得巧妙運用旭陽、烈陽、夕陽三者之間的精妙之處，而後交叉使用。

過度的太陽能量的供給，或是在溫室中將所欠缺的能量直接照射，都會造成一個人進入真實社會後無法承擔責任的壓力，更無法接受嚴峻的考驗，所以能量的補充、取得、供給上，過與不及都是一個很有智慧的課題。

突破修行室

Why：人間有真理。

Think：多給別人一些空間。

How：得理不要不饒人。

Human Quotient

湖水、河水、海水

水變化衍生出的災難，至今人類的智慧與科技都無法阻擋。但過度的陰柔，損人又傷己。

我們再看一看前文太陰圖中的陰，我把它分類成三種不同類型的水來解釋：

- **湖水：**是封閉的水域。
- **河水：**是條較為窄小的水域……連接的是地面與地面。
- **海水：**是在海裡的水，連接的是島與島，洲與洲之間的水，其水域較寬廣。

湖水色彩的起因，主要源於湖水對太陽光的散射、反射和吸收，而藍色多是反射天空顏色的結果。呈現綠色是因為被優養化了，或稱之為「藻華」，因為水中的綠藻生長過剩，所以耗用大量氧氣，將造成魚類沒有充足氧氣而死亡。

為什麼海水是藍色的呢？這是因為海水對不同波長的光有不同的散射與吸收效果。當陽光照到海面時，海水會吸收紅光至黃光，散射出來的光就以短波的藍光為多了，因此海洋呈現藍色。

湖水永遠不會整個結冰，那是因為水面上的水溫會比水面下的水溫還要接近〇℃，這就是為何湖面都結冰了，水底的生物依然可以存活下來的原因，因湖底的水溫高於攝氏零度，魚都在下層還沒結冰的水中生活，而得以度過寒冬，等待溫暖春天的來臨！

地球是太陽系九大行星之中唯一發現被液態水所覆蓋的星球，地球表層水體構成了水圈，包括海洋、河流、湖泊、沼澤、冰川、積雪、地下水和大氣中的水，地球上的生命最初是在水中出現的，而人體中水也占了七〇％。

水對氣候具有調節作用，大氣中的水氣能阻擋地球輻射量的六〇％，能保護地球不致冷卻，海洋和陸地水體在夏季能吸收和累積熱量，使氣溫不致過高；在冬季則能緩慢地釋放熱量，使氣溫不致過低。

海洋和地表中的水蒸發到天空中形成了雲，雲變成雨變成雪。落於地表上的水滲入地下形成地下水；地下水又從地底層裡冒出來，形成泉水，經過小溪、江河匯入大海，形成一個水循環。

瀲瀲波光的湖水美景，壯闊而一望無際湛藍的海，都跟太陽光有著密不可分的互動關係。水雖是無形無色，卻能隨著刺激與互動的元素做最大幅度的調整，一旦刺激的元素在不協調、不平衡之後，水亦能帶來覆舟、毀滅的惡運，的確讓人類現有的科技及智慧都無法阻擋。

記得有一天起床看到窗外一片濃霧，內心十分興奮，因為除了在高山上有看過兩次的經驗——第一次是在夏威夷茂宜島上度蜜月時，第二次是帶著兒女去台灣南投清境農場山上渡假時。在陸地上從沒見過這麼大的霧，能見度應該不到十五公尺。

那時走在送女兒上學的馬路上，心情不知不覺得有一股說不出的壓抑感受，前兩次在高山渡假看濃霧的輕鬆美感，此刻變成了一種看不清前方後，產生不能自主及自我控制的無奈感，於是脫口對女兒說盲眼人很可憐！

這一路上再也看不到海鷗及烏鴉，女兒說牠們怕迷路一定不敢飛了。送完女兒自己走在回家的路上卻有了一個意外收穫，抬頭一看，那不是平常無法直視的太陽嗎？沒想到今天卻可以清楚地看到它完整的輪廓！跟晚上看到的月亮幾乎是一模一樣的。

沖氣為和，「和」是再生！也是Better！陰陽海天本就是一家人，是同處在一個大空間。

《菜根譚》書中有那麼一段文字：

持身不可太皎潔，一切污辱垢穢，要茹納得；

與人不可太分明，一切善惡賢愚，要包容得。

這一段的大意就是在告訴我們：清濁並包，善惡兼容。

老子《道德經》第六十六章裡說：

「江海所以能為百谷王者，以其善下之，故能為百谷王。」

這一段的大意就在告訴我們：江海之所以能成為百谷之王，為萬川所歸趨，就是因為它善於自處於最低下的地方，所以才能為百谷之王。善於自處於最低下的地方，就能清濁並包，善惡兼容。

旭陽、烈陽、夕陽，湖水、河水、海水，好壞都是同時並存人世間。清濁並包，善惡兼容，並不是要是非不分，善惡不明，過度陽剛會傷人又傷己，過度陰柔則損人也損己。

正負資訊都要擁有

陽為主動，陰為被動，主動與被動是能掌握時機而正確採取進退的策略，但難就難在如何先能擁有正確判斷之前的解讀方法（reading people），而解讀又如何分類？分類是陰？是陽？是真？是假？真、真、假、假、陰、陽不分……

訓練自我的正確快速解讀方式，必須在平常凡事都要同時蒐集正面、負面的資訊，尤其是在瞬間的判讀無法藉由任何人，或任何工具來蒐集資料之時最為困難。

吃得苦中苦方為人上人，很多的人會說不要太苦了，在美國就有一套理論邏輯，像墨西哥人多快樂，每天工作得多開心，是沒有錯，表面是快樂，但深究去想，難道他希望自己一輩子甚至下一代都是吹著口哨做清潔的工作嗎？

苦與快樂本是一體兩面的，享受了「快樂」，一定要付出另一面的「苦（付出）」。雖然墨西哥人在工作上是沒有腦力、心智上的壓力，但在內心的尊嚴與成就感就不見得是快樂，甚至有可能是無奈的苦。

人往往習慣從表面或短期來研判一件是好與壞，甚至更追求嘴中的快樂？快樂絕不是唾手可得，是你付出大量心力之後所得到回饋的結果。爬上山讓人感到辛苦與艱難，但爬到山頂看到山下的美景；雲跟你又是那麼接近，那番快樂絕不是看一片DVD就能感受體會到的。

到了自助餐廳吃Buffet（all you can eat）多開心啊！當時是盡情地吃，但回到家就後悔，不僅腸胃鬧不舒服，又會變胖，但有人馬上會持反對說：胖一點有什麼關係，胖才是福，能吃就是福，人生要及時行樂。但很多人上半生的及時行「樂」；可能換成下半生的「苦」——坐輪椅的「苦」；躺病床的「苦」。就是老子說的：「或益之而損」

「苦與樂，陽與陰」，一直在影響我們對人生的態度的取捨與進退，人世間本來就沒有「陰、陽、苦、樂」，只是被投射出來的一個現象而已；就像前面所寫到海水、湖水本都是無色，但經過太陽的投射後折射出來的卻是藍色。

湖水的景色雖然很美，但沉溺久了，雖然會多了一份柔情，卻也會喪失那份雄心壯志；驚濤駭浪中的那份恐懼，雖然可讓人多一份膽識與鬥志，但長期接觸大自然的怒吼，卻也可能失去心靈的沉靜之美。

人一生的歲月中，會有非常多高高低低的起起伏伏，有時會是自發性的，有時會是他人影響的，但無論如何都得面對它，因此自身的進退加減，就可以從日月星辰、海水、湖水這些大自然的變化中，轉化成我們人生的智慧。

有一次家裡前院有一顆樹正面臨死亡的威脅，我便拿了大剪刀開始進行拯救工程，第一個被我剪掉的是枯黃的部分；第二個下手的是較為突出的部分，當時我看著那顆即將死亡的樹，看呀看，還是覺得有些不妥，但就是找不到下手的部分，於是四週後再觀察，不自覺地蹲了下來，一看對了是嫩芽的部分，雖然心中有些不捨，但是為了這棵樹能繼續存活，只好咬牙剪掉嫩芽，頓時讓我恍然大悟，原來企業碰到不景氣時不也

突破修行室

Why：人生一定是彩虹的化身。

Think：多檢討與自我反省。

How：多交不同類型的朋友。

是應當如此嗎？

枯黃部分：是公司沒有生產力的員工，因此必須裁員。

突出部分：是高薪人員，必須減薪。

嫩芽部分：就是新進人員，必須停止增加。

是不是真的印證了那句話：「一草一木皆為我師。」

Human Quotient

風雪過後才見春天

成功＝挫折＋機會。

身處挫折，我們只要心存希望，那苦難的過後，必然會是機會的降臨。

「平靜中平衡」是征服與毀滅的鏡子，自古以來許多的軍事家雖然打著口號，都是為人民、為國家、為民族而戰的仁義之師；但手段都是以征服對方為出發點，贏得一時，卻帶來更大的毀滅與災難，但這些所謂的軍事家本身除了壽命短之外，其在歷史上的評價更是以負面居多，這就是老子所講的：「強梁者不得其死。」

捨棄征服，放下毀滅，不要讓偏激式的快樂佔滿你的心靈；快樂更不是魔術會從天而降。

美國職棒大聯盟紐約洋基隊的前任教練托瑞先生在世界盃棒球失敗之後，雖然洋基仍願意以高薪續聘托瑞留任，但托瑞先生覺得沒有受到完全的尊重，於是拒絕留任洋基隊；而是選擇較弱隊洛杉磯道奇隊重新出發。

從表面上看托瑞先生從第一流的洋基隊降級到弱隊是很大的損失，但托瑞先生卻在道奇隊上完全得到了操控權。

台灣有一位知名的武打演員，由於大環境的改變，及自己的身體狀況每況愈下，淪落到中年失業，但這位演員卻在街頭上改賣燒餅，表面上他失去了光環與掌聲，但他仍不放棄，想要努力再衝刺，贏回動力與全新的人生。

從這兩個例子，正好可驗證老子所說：「故物或損之而益」，人生的困境都可能是你最好的貴人。「陰、陽、損、益」也就是正反兩面的思考邏輯同時並存，這種自我訓練是非常重要。

這種思考表面看來是很簡單，但事實上是有難度的，因為人的思考是所謂慣性思考，朝正面就會一直想好的，往負面就會一直想壞的；最近的電話詐騙集團就是利用人們的這種心態才能輕鬆得逞，一年就能賺得幾百億的資金。

正面思考例子：

歹徒打一通電話通知你中了台幣伍百萬元的獎金，但歹徒要求你要先匯入伍拾萬的稅金到國稅局（其實是歹徒的帳號），許多人都是在這伍百萬的引誘下，就很快地就匯入伍拾萬，事後才知道這完全是個騙局。

負面思考例子：

歹徒假冒成你的女兒或兒子的聲音，大聲地哭鬧自己已被綁架，之後歹徒要你匯入贖款一百萬元到某一個指定帳戶（歹徒的帳戶），事後看到兒女平安回到家後才知又是一場騙局。

中獎是在利用人們的貪念，「貪」就是人們期望好事的正面心態，過度被放大的結果。綁架則是利用人性的「愛」反轉成恐懼心態的結果。

一個人的思考很容易在第一時間成為單行道，所以我們必須要把自己的思考訓練成在第一時間成為雙向道（也就是正反兩面的思考邏輯）。

再強調一次「正負」同時產生一個思考邏輯是很困難的，不相信各位可以找一個朋友來玩玩「雞同鴨講的對話」，遊戲方法是當對方問你一個問題，你絕不能回答符合對方問題的答案。例如：

對方問：現在幾點鐘？

回答：A.不知道（算輸）

B.早上11點（一定輸）

C.你的衣服很漂亮（過關）

對方可以再接著問，或是你的反應較快，可直接搶到主控權變成發問者：

問：早餐好吃嗎？

答：A.還可以啦（輸）

B.老闆說要加薪（過關）

玩「雞同鴨講的對話」的遊戲時，進行的速度越快越好，不可以思考，必須是立即性的反應，如果你能訓練自己成為雞同鴨講的高手，將可增強以下三大能力：

一、反應的速度變強。

二、幽默感的能力將大幅提升。

三、化解很尷尬場面的能力將大幅提升。不但可以化解並且順利引導成另一話題；或是遭受到人身攻擊時，都可以運用「雞同鴨講」的技巧。

第二種訓練方式——就是同時要說一件事情或一個物品的正反兩面的答案：

手錶：

1.精準掌握時間（正面答案）　戴在手上很重（負面答案）

2.很美的裝飾（正面答案）　太貴了，浪費錢（負面答案）

運動：

1.身體健康（正面答案）　要早起，很痛苦（負面答案）

2.身材很美有吸引力（正面答案）　要流汗，很不舒服（負面答案）

當學會了雞同鴨講的說話技巧，也要時常提醒自己不要讓自己變成一個油腔滑調、顧左右而言他的登徒子。在雙向正負同時啟動的思考模式下，也不可把自己變成了一個猶豫不決、三心兩意的人。

記得前面章節所特別強調：一、道德；二、科學；三、美學，這三項非常重要的三大元素必須融入在這兩項技巧中，我們才能真正掌握、了解老子《道德經》第四十二章的精髓，幫助我們在這多變又充滿誘惑而詭譎的二十一世紀中，游刃有餘，享受人生。

二〇〇八年一月的冬天，風雪似乎特別大，在中國大陸很多省、美國很多州處處發生大雪紛飛，厚厚的大雪擾亂了所有人們的生活節奏；更有人在大雪中失去了生命，也有很多的房屋被厚重的大雪給壓垮了。

大地更是毫無招架的能力，一片大地統統舉起了白旗，綠色大地早已經換成了冰冷的雪白色，所有樹上的綠葉都早已枯死；但令人驚訝是光禿的「樹幹」，雖然少了樹葉的陪伴卻依然筆直地站在暴風雪中，在寒冬的摧殘中告訴人們不要放棄堅持下去，春天就要來了……。

突破修行室

Why：彩虹一定是出現在下雨過後。

Think：物極必反，否極泰來。

How：燃燒我們的夢想。

Chapter

5

能量起源再認識

Human Quotient

Human Quotient

Mental Power——前進的新衣

人生的戲，無論是喜劇，是悲劇，
就是不能讓它提早落幕。
只要有希望，就有精采的劇本。

完美不是生活的最終目標，改進、成熟、歷練的永久過程，才是生活的目的。但永久的過程是由「成熟、歷練」所呈現出來，而「成熟、歷練」，卻必須經過無數次的改進，人們又要如何做才能擁有不斷改進的動力與方法？

改進的動力與方法是隱藏在希望中，希望——只要有希望就能從修正、改進中找到前進的方法，有了前進的方法就能讓一個人由稚嫩，轉為成熟，成熟才能創造一個長久而經得起時間考驗的歷程。

「希望」有個孿生兄弟叫「恐懼」，就像每個人的內心深處有一個天使，卻也有個魔鬼，希望與恐懼，天使與魔鬼，讓每個人在前進之時，總是會冒出一身冷汗，停在原地不敢往前走。

但是，從心理學的角度來看，我們卻發現到恐懼是希望的誕生與形成的最佳催生者。

當希望從東方升起之際，在前進運轉的過程中同樣會有烏雲來攪局，而希望披上了一層又一層厚厚的烏雲，會讓大多數的人懷疑，希望已經消失而不存在了。

希望到底是由什麼元素組合而成？形狀又如何？它是有形，還是無形，是氣體，是液體，是固體，其實它既是有形也是無形，只要有它，就能為我們帶來前進，撥開烏雲，溶解冰雪，帶來活力，帶來動力。

夕陽無限好，只是近黃昏，雖然人生的戲總是要落幕，但夕陽黃昏的那段景色，卻是最美的，你留白了嗎？千萬不可留白，用希望來打造一個最令人羨慕的黃昏，跟你所愛的人，一同讓夕陽黃昏為你紀錄最細膩而溫馨的情景。

人生的戲，無論是喜劇，是悲劇，就是不能讓它「提早落幕」，只要有希望，就會有精采的劇本。

這個劇本對你也許是悲劇，但對普羅眾生卻可能是希望之歌，懷抱希望，讓希望成為營養素，進入你身體每一個細胞，要不斷地進行結合、重生，讓每一個細胞都會發光發亮，只要有希望，人人會歡樂。

當我們擁有希望，就會努力去找前進的方法，於是人們就開始想明天、後天，……也都知道明天的重要性，卻沒想到明天來臨的時候，答案與結果卻不是我們所預期的，我們所希望的事，卻總是常常事與願違。

事與願違的發生有三種情形：

第一種情形：知道了方法卻沒有去做。

第二種情形：去做了，但中途放棄。

第三種情形：堅持到底，還是失敗。

這三種狀況似乎很複雜，也耗費了許多的人時間去研究、探討。

結論這三個問題終究還是問題，仍然還是一直在困擾著許多人。

這三種情形與問題其實只有一個問題，那就是如何讓自己擁有一種力量，能勇敢而自信地踏出第一步，這股前進的力量又能化解在途中的紛紛擾擾與陷阱，達到自己預期中希望的結果。

前進的力量？關鍵的力量？經過我八年的研究與探索之後，我終於找到它了，它的名字叫——Mental Power（心智力量），這股力量可以把每個人心中的想法，調整一成個好的「行為模式」及「心理模式」往前進，去完成心中想要的希望與目標，希望能實現就有歡樂，但希望破滅哪會有歡樂呢？

Mental Power就是「希望」前進的核心的力量

既然有前進就會有倒退，沒有一個人希望自己的健康倒退，更沒人希望自己的容貌美醜倒退，銀行存款倒退，人際關係倒退。

前進與倒退成了人類從出生到死亡之間，永無休止的拉鋸戰，在這場拉鋸戰中有一個被誤判的「避風港」，它叫「保持現狀」，事實上，我們沒有一個方法是可以讓我一直保持在原來的位置。

個人永遠無法忽視大自然求新、求變所蘊育出來前進的力量，大地本身就有生命，有年齡，它會老化，生病，不要以為每天都是日出、日落，每年都會有春、夏、秋、冬。在大環境的變化下，會產生一個字「逆」，打破原來常態軌跡的運作，個人如何在逆風、逆水、逆境中啟動釋放動力，頂著逆風，頂著逆水，順著逆境運用Mental Power逆風而上，逆水而前進，逆境而成功。

Mental Power（心智力量）在成長的過程中是那麼地重要，它是需要被激發的，是「無限」的，當自己懂得如何將它運用在生活、事業中時，生命的過程將經歷一連串美妙的改變！

老公（平時吝於讚美）開口讚美自己→變得更加「自信」

兒子女兒感覺到媽媽不一樣了→變得「年輕」、「活力」

鄰居們也說→最近變漂亮了，工作也起了變化！

Mental Power像一個燈塔一樣，發光發熱，引導別人，幫助別人，帶給人舒適的感受，更能激發別人表達，引導對方，讓社會更加融洽和諧。

Mental Power是由自己潛在的特質、價值觀，所趨動的一種行為力量。

Mental Power激發人的靈性，讓每個人最深刻的靈性發揮出來，善性面的發揚，即所謂的隱惡揚善，甚至是人性的極至表現。

Mental Power使自己更有靈性、柔軟、空間更寬廣。

以上是我的學生對Mental Power的感受與註解。

Mental power 有著無限的力量它，它能推動個人、團隊、組織、社會乃至整個人類往前走。

想要找出Mental Power的定義，第一件事就是要先確定生命價值。

「哇！哇！」呼天搶地的大哭……每個人都是這樣赤裸裸地光著身體，懷著一份恐懼、不安的面容，降臨到這個世界，但為什麼我們來到這個世界，不是哈哈大笑的呢？

因為當嬰兒脫離母體之後，接觸到陌生環境，在心理及生理所表現出的反應，就是害怕後的恐懼，在科學的研究報告中已得到證實，如果小孩出生之後就交給別人撫養，而非母親親自撫養，這個小孩有可能會智商較低，身體較弱。

原因就是缺乏母愛，每個人成長最需要的就是「愛」，當母親輕柔的指尖觸摸到嬰兒，再加上溫暖的雙掌將嬰兒放在母親的懷抱中，所有的哭聲都會就此沉靜而停止了。

從小人類就了解愛的重要性，更知道如何取得愛讓自己成長。

生命的本質是堅固？是脆弱？每個人會有著不同的呈現，但無論如何終究生命會結束，而死亡那刻卻是無聲……之後的無息，與嬰兒來到這個世界，所呈現的是相反的情景，這兩者的對比畫面是那麼強烈，一個是帶著無窮盡的哭鬧要求與活力，一個卻靜悄悄地毫無反抗之力，走向寂靜後的停止。

不論生命的時間是長？是短？結局既然是一致化，那麼我們就應該探究，結束軀體活動之後所能留下來的是什麼？

生命的外在軀體雖然會結束活動，但其內在的精神與文化是可以生生不息地延續下去，留給後世人類正確且豐富的生活方向與方法，更讓我們繼承了優良的血統與驕傲的智慧。

精神、文化、智慧是可以穿越時空，打破國界，遠從孔子的正向思考，老子的逆向思考，讓我們創造、拉大……許多思考空間，更從唐太宗、凱撒大帝找到了雄才大略，《孫子兵法》提供百戰不殆的寶典，《易經》讓我們了解「天、地、人」三者之間互動的關係。

我們也可以從柏拉圖、佛洛依德中找到人類行為的標準，從牛頓、愛因斯坦的啟蒙中享受到生活中的便利，貝多芬、巴哈則給了我們心靈的桃花源……。

天才、偉人總像那黑夜高空中的星星，有著那明亮的吸引力，總讓我們的目光看得忘情而不捨得移開，總希望自己也有那麼一天，能與之爭輝，但失望總是伴隨著多數人，於是唏噓……嘆息取代了歡呼與興奮，畢竟天才與偉人是少數。

雖然我們不能與天才之星光並列同行，卻可追隨天才的星光牛步向前行，千萬不要譏笑自己牛步的緩慢……只要不停地小步小步地向前走，就可為我們平凡人累積、創造一個不平凡的人生。

牛步的精神所面臨的考驗，與天才之境遇、遭遇是相同的，平凡與不平凡的差別只是在於——一個向前進，一個向後跑……。

就如浪漫派詩人海涅曾說：「究竟是為什麼？所有偉大的天才們注定要經歷許多艱難？」又如梵谷曾說：「我的作品就是我的身心，為了它，我付出自己的生命與理智。」貝多芬更是不清楚自己的下一步，能走到哪裡？能發現什麼？但自己唯一能確定，就是自己不停的開拓……把成熟過去的東西拋向腦後，更是不停地自我批判作品，深信下一次的作品一定比這次好，不放棄任何創造的機會……甚至在他彌留之際仍繼續創作……。

想要前進，就必須由Mental帶動Body

Mental Power是由心理學模式與行為學模式所結合出來的一種狀態學，這樣的狀態會在每個人身上釋放與散發，對未來是一種起飛的力量，對自己而言是一股強大的推力，對他人、對環境而言是一股吸引力，是一股影響力，是一股改造力，但不論如何，這股力量就是在生命中、生活中……一股由恐懼與希望撞擊出來的矛盾的力量。

衝突、矛盾、恐懼、希望、魔鬼、天使、善惡，他們永遠是同時並存的，任何一方都不可能消滅對方，唯有釋放Mental Power才能找到這一股真正並存而前進的力量。

Body（身體）是由Mental（心智）控制與運轉，當希望進入Body所運轉出的能量未必都是正面的，尤其是將自己想要的畫面與口語投射到他人身上之時，使自己進入一個期待的不可控制之中，但Body與Mental在不能平衡之下，造成了許多複雜性也就更難掌握與駕馭，但無論如何，每個人心中都只有一個定見與方向，前進是唯一被廣泛接受與肯定。

當我們一直想要前進，就必須確定由Mental帶動Body，而每一個人Mental的產生與年齡、性別、職業不是絕對成正比、甚至有人的Mental是零分。

「我希望得到什麼？」、「我希望他能為我做什麼？」、「我希望能擁有什麼？」，抽離「我」這個字是Mental Power的關鍵，如能改變成「我們希望得到什麼？」、「我們希望能為他做什麼？」、「我們希望能擁有什麼？」將單數人稱改為複數人稱就是Mental Power的精神起源，並不是單純地站在他人的角度去解決問題，而是要多數人由我們「一起」「共同」參加，結合智慧，打開心胸地面對問題，解決問題，創新成一種能力與能量。Mental Power的介面是包含了「天、地、人」孕育出來的，它是人與人在大自然就互相依賴、互相依偎之後，產大的巨大勇氣與責任，而後敢去追求人類的渴望與需求，「前進」之後，面對任何挑戰、解決困境的一種創新前進的力量。

某次，我在太極音樂的引導下，正在樹林中享受大自然所散發的芬多精，忽然間三隻狗快速地將地上帶起一陣陣塵土，心中頓時很生氣，立刻收手太極拳式，此時內心深處卻出現了另一股聲音，難道狗的行為都只是停留在玩耍中找尋快樂嗎？再回頭看看那三隻狗，脖子並沒有任何識別物，可以肯定是「野狗」，牠們除了追逐玩耍的行為模式，難道就沒有其他的狗行為模式嗎？

腦中頓時想起我七歲時養的狗，牠的名字叫「家裡」，是不是我當時給牠取名的關係，所以牠特別會看家，每當我上學或出門之時告訴「家裡」別亂跑，等我回來之時，總會看到牠靜靜地在門口等著我。

此時又回過神來看看眼前的這三隻狗，心裡又在想狗的行為模式，除了玩耍、看家，還會不會有另外的模式，此時腦中又閃出另一個畫面，不久之前同事曾告訴我導盲犬（特別註明「再見，可魯」此時並未上演）在經過專業的訓練之後，只要導盲犬帶上執行的工具時，走在路上，不論你用任何方法都無法去誘惑牠，例如在導盲犬的面前放一塊骨頭，或是一隻母狗，牠也絕對不會動搖，忠實地帶著牠的主人完成任務。

可見，狗的行為模式亦可被區分等級，第一級：野狗，只懂得「玩耍」不顧其他。第二級：忠狗，由玩耍升級，更懂得「看家」。第三級：導盲犬，更能觸動心靈，不用語言與眼睛（因為主人是盲人）而所能完成生命安全的託付。

Mental Power有從零分到一百分的區別，我們在狗的身上可以找到證明。

三月的某日早上八點，略帶寒意的清晨在淡水捷運站，在等待同事之時，眼前出現一幕情景，吸引了我的心神，一位年約八十多的老婦，駝著背，身高大約在一百四十公分，她拖著沉重的腳步，拉著一籃青菜往前走，此時的我立刻掏出二佰元趨向前向這位老人喚一聲：「阿嬤你好」，二佰元交給了她，自己很快就拿了一把青菜，轉身就想要離開，但老人的眼神讓我不敢離開，此時這位阿嬤又拿了一個塑膠袋，裝了好多的青菜交給我，之後，那老態的身軀不發一語、堅定地向前進，此時的我完全被震撼了，原來老人是教在我，告訴我什麼叫Mental Power！

現今社會充滿了抱怨、怒罵、推卸責任、逃避責任。這位令人尊敬的老人完全看不到上述那些態度。這位老人所釋放的是肯定、堅定對生命的挑戰與負責。

在九九%的凡人中，他們這一生都在追求金錢財富、健康快樂、青春活力、權力地位，每個人其各自的排列組合順位當然會不同，但心中所要擁有的卻是相同的，有人是全部都要，有人卻可以只要幾項，不可能全部都不要，既然這一生會被上述的項目框住，我們就必須擁有一些能力與力量去發現與調整，從過去到現在，再到未來，如何有效而清楚掌握自己不要被某一項給絆倒。既然人生的結局每個人都一樣是「死亡」，而過程中我們又很想擁有那些誘人的東西，所以必須學會如何去認真去面對它，接受它，任何變化都必須承擔它，目的就是讓人生活出精采度、活出亮度，一定要全心全力地走人生的每一步。

當蘇格拉底被判死刑的消息傳到他的妻子耳裡，他的妻子哭著說：「蘇格拉底，你是冤枉的，你不能無罪而死啊！」這時，想不到蘇格拉底竟回答說：「我無罪而死，死得很光明磊落啊！難道要我有罪而死嗎？」

歷史中，元軍大舉來攻，文天祥在率部向海豐撤退的途中遭到元將張弘範的攻擊，兵敗被俘。文天祥服毒自殺未遂，被張弘範押往山上，逼他寫信招降張世傑。文天祥說：「我不能保護父母，難道還能教別人背叛父母嗎？」張弘範不聽，一再強迫文天祥寫信。文天祥於是將自己前些日子所寫的《過零丁洋》一詩抄錄給張弘範。張弘範讀到「人生自古誰無死，留取丹心照汗青」這兩句時，不禁也受到感動，因而不再強逼文天祥了。

《過零丁洋》文天祥

辛苦遭逢起一經，干戈寥落四周星。
山河破碎風飄絮，身世浮沉雨打萍。
惶恐灘頭說惶恐，零丁洋裡嘆零丁。
人生自古誰無死，留取丹心照汗青。

一個大機會的時代來臨了，一個大麻煩的時代同時也來臨了，每天我們都會收到正式及非正式的大量資訊，今天出現金磚四國，明天又出現金磚十一國，但卻赫然發現台灣不在名單之列，你會恐慌嗎？你會憂心嗎？

台灣每年吃掉的抗憂鬱藥物及慢性病藥藥廠的業績都不斷在成長中，木炭本是北京人從取火中學會生存之道的智慧結晶，但現代人卻把它發揮到——自我殘害生命的工具。

台灣！台灣！只要是出生生長在台灣的人，沒有一個是不愛台灣的！但是，我們太強調台灣了，讓我們的眼中少了地球的整體概念，少了地球整體性的思考與心胸，在「大機會與大麻煩」面前，我們不知不覺中已走向了大麻煩。

但「機會與麻煩」永遠是並存的，也無法永遠選擇站在那一方，時間與空間都是不會允許及承諾那一方永遠的存在。

李安就像二〇〇六年的春雷，好像告訴我們華人的時代來臨，但底層的聲音卻又像是在告訴我們，東西方文化結合的時代降臨了。二〇〇六年的「斷背山」及一九九二年的「喜宴」，為何差異這麼大，不要激情地說差異是英語與華語造成的，更別錯估十四年前的技術。

是地球公轉與自轉，十四年轉出不同時空、背景，讓地球在面對同志話題上，產生了不同的接受方式。

「知識就是力量」，《孫子兵法》形篇說：「知彼知己，百戰不殆，知天知地勝乃可全」。是天（Timing），是地（Space），十四年的前後，地球人對（同志）接受的程度調整，讓「麻煩的話」轉換成「機會」的話題。

突破修行室

Why：時間是公平的裁判。

Think：要正確地運用資訊。

How：得到新的資訊後，找七個人練習。

Human Quotient

淘汰本自無知

不吸收新知是邁向衰敗，
用錯資訊更是注定瓦解。但資訊對錯，必須要熟讀歷史，歷史的那面鏡子是我們最好的一把尺。

眼前有一堆黃色物體，哪一堆是黃泥？哪一堆是黃金？知識與資訊，哪一種力量是源遠流長，哪一種又是湍急而滅。黃金可能藏於黃泥之中，而源遠流長的前身卻可能是湍急而滅。

二十一世紀已經由競爭的概念，進入了淘汰的概念。並且進入了兩極化的態勢，沒有中間地帶了，只有山頂與山底兩個著力點。

淘汰的痛苦帶來許許多多的考驗，測試、挫折、打擊，經過一連串極酷嚴的過程中，生理與心理不斷地發出痛苦訊號。

消滅淘汰的病菌，必須仰賴知識與資訊，知識就像白血球，雖然可以打敗侵入的病菌，但身體的成長與健康，仍然需要像資訊的蛋白質、維他命的元素來補充與供給。

成長的營養必須仰賴每日在知識與資訊方面的補給，但大多數的人都無法區分清楚這兩者之間的差異性。

知識是——我可以預測颱風每年二月發生的機率是「零」。

資訊是——我無法預測颱風每年都在七月發生。

知識與資訊最大的不同點是，知識在一段時間是不會改變的，資訊則可能隨時會改變，就像是黃金的價格？原油的價格？（屬資訊）。但黃金的成份及原油成份就是知識。

從台北飛往LAX，我可以很肯定是航行時間在十二小時左右（知識判斷），但是卻無法在未看到當天的天氣飛航資訊之前，就判斷是否會有亂流發生（資訊判斷）。

在人生的路途中，智慧是最重要的導航器，而智慧就是由知識加資訊組合而成，是一體兩面，缺一不可的。

許多人士每天都閱讀大量的資訊，但做起事來總是沒有辦法得心應手，缺乏競爭力。

資訊轉換成知識再發揮出關鍵的力量，很重要的就是求證於歷史，但除了歷史還需要加上地理一起驗證，因為不同的區域會有不同的文化，大到民族文化差異，小可到地方區域文化，因為文化的差異就會有不同的行為模式，那知識的變化性就不可掉以輕心，所以萬里路便是非常的重要，萬里路……萬里路……

突破修行室

Why：知識會讓我們的空間變大或變小。

Think：膽識，膽識，有知識才敢行走天下。

How：分類每日、每週、每月、每季、每年的資訊來源。

Human Quotient

從心衝刺

「抱怨」只會融化我們熱情的心。
「藉口」只會讓我們停留在原地而喪失機會。

業績不升反降，升遷更是擦身而過，組織人員不斷地流失，領導更是充滿了無力感，……抱怨……嘆氣，一切一切都是不順利、不如意，打開電視、報紙更是嚇人……失業、倒閉、離婚、自殺、過勞死，唉……。

停止一切抱怨，讓我們站起來重新出發，希望大家明白現在不如意的狀態，只是週期循環的低潮期而已，所有的一切都將否極泰來，但你能抓住時機全力衝刺嗎？否則環境的週期低潮消失了，你卻仍然停留在自我的低潮與困境中，因此想要衝破自己的低潮與困境，關鍵就在於改變自我的性格。

為什麼成功決定在性格，當我們看到一個人成功，總會說他天生樂觀、耐力足，若是這樣就下了定論，那實在太簡單，也太粗糙了，我們必須再深入地去研究與探討，而不是像一般人碰到了困境與挫折，第一個反應就是名字不對，風水不對，上司不對，部屬不對，公司不對，一切都是別人不對，從不冷靜地反躬自省，其實大多數的人也不是完全不檢討自己，而是不清楚、不知道如何著手進行檢討，因此**大多數的人所欠缺的是一個方向，一個有系統的方法，持續有效地修正向上提升自我的能力**。

習慣決定性格

所謂江山易改，本性難移，改變性格談何容易？因此很多人認為改變性格，是一件不可能的事，其實不然。例如，生活周遭有一個朋友或同事，人際關係不好，當然是因為他的性格讓人覺得格格不入、孤僻，但為什麼會造成這個樣子呢？又要如何改進呢？

因此我們必須再深入地往前推進，去尋找組成個人性格的因素是什麼？

答案是「習慣」，所以人際關係不好的人，是不是少了一個微笑的習慣？……少了一個問候的習慣？……少了一個關懷他人的習慣？……少了一個分享喜悅的習慣？……少了一個及時讚美的習慣？……，與同事或另一半相處是不是少了溝通的習慣？……講話時是不是少了一個平心靜氣的習慣？……等

也就是說，性格並非一朝一夕所形成，它是經過日積月累的行為慣性所組成，而且並非一個習慣就決定了性格，而是數個以上的習慣組合而成，任何一件事情的成敗，也並非一朝一夕就能看出來，而是必須經過長時間，通過多重的障礙，多重的陷阱層層關卡，克服數不清的大小挫折，之後才能到達成功的終站，在這個過程中就靠平時的好習慣，幫助自己在最短的時間內克服困難與逆境，再度邁開大步向前走。

例如，夫妻在新婚蜜月期結束之後，兩人如何彼此同心地共組一個家庭，從紙婚到實際共同生活，這過程中有許多不協調都是因為雙方有著各自不同的習慣，彼此之間互相的排擠與磨擦所造成，想要解決這樣的問題，唯有重新檢討。所以我們得到一個結論，我們的性格是由多種不同的好習慣與壞習慣組合而成，因此人生之

所以會碰到困境與逆境的磨練，就是因為你欠缺一個好的習慣，或是某一個壞習慣所造成的。

接下來的問題就是如何面對壞習慣的改進，關鍵就是我們的——「態度」，而一般人面對自己的壞習慣，總會用千百種理由的態度來解釋，就是不願改進，例如：遲到明明就不對，卻仍然我行我素，更惡劣的是選擇性的遲到，以自己的標準來做決定，尤其是做業務的行銷人員更是嚴重。又如明明知道吃宵夜會胖，但就是要繼續欺騙自己，而不能中止及改變這樣的惡習，這就是處理這個問題的態度。什麼是態度，就是當遇到事情時，反應情緒的喜怒哀樂支使你的心理到生理行為，所表現出來的是進、是退、是左、是右、是面對、是逃避的一種方式。

在《中庸》就寫有一段話：「喜怒哀樂之未發，謂之中；發而皆中節，謂之和。中也者，天下之大本也，和也者，天下之達道也。致中和，天地位焉，萬物育焉。」

這段話的意思就是告訴我們，本性喜、怒、哀、樂都未表現出來之前叫「中」，當喜、怒、哀、樂表現得都很適宜時，那就叫「和」。但是，人們常常喜歡在犯錯時都排斥忠告之言，總是不接受，而採取我行我素、依然故我的態度。歷史上偉大的唐太宗，雖然對魏徵的真心建言，恨得牙癢癢的，但還是大部分採用了他的忠告諫言。

為何人面臨了逆境、困頓、打擊之後，會有如此巨大的差異？是我們的那顆心，也就是我們的想法，那深植在內心的價值觀，它包括了工作價值觀，生活價值觀、生命價值觀，這些價值觀會主使、驅動我們每一吋肌膚，每一根神經，帶我們去某一個方向、某一個境界。

在從《A到A+》這本書中，作者柯林斯自稱我的專長就是能在一堆雜亂無章的資訊中看出形態，在紊亂中找到秩序，在混沌中釐清觀念，他深信不管周遭的世界如何改變，世上依然有恆常不變的根本價值與通則。

因為生命的本身就是一個發光體，當發光之後的熱，就能產生巨大的動能，推動軀體去完成各種事物，天才型的人總能發光發熱，完成不朽的事蹟。

那麼平凡的我們在追求成功的道路上，要如何才能發光發熱，追求到我們想要的成功目標，從西方著名心理學家馬斯洛的理論中，我們就可得知，心若改變，態度跟著就改變，態度若改變，習慣就跟著改變，習慣若改變，性格就跟著改變，性格若改變，人生就跟著改變。

因此性格決定命運的成敗，性格卻決定在多種習慣的組合，而習慣能否修正改進，決定在態度，而態度的變化，卻決定在我們每個人的那顆「心」，也就是我們的「價值觀」、我們的「想法」，它所驅動出來每個人的生命過程，將會造就出生命、生活、工作，是燦爛、是灰暗。

我們的這顆心，也就是我們的想法、念頭……意念是那麼抽象，感覺上又是那麼瞬息萬變地令人抓不到它，控制不了它。其實不然，每個人的那顆心，有如黑暗中的燭光，讓我們在漆黑中看到一絲希望，又像大船入港指引的燈塔，給了我們明確而正確的方向，更像發電機源源不斷，提供我們前進的動力，遇到困境時又有如火箭推進器，適時提供了強大的爆發力。

燭光、燈塔、發電機、火箭推進器……，所以每個人不是只用單一的想法，單一的人生觀來主導我們的人生，與其說它是多重、多變、複雜的，倒不如說它是一個會自動化產生相生相滅的思考系統。

而為了建立一個，相生相滅的思考系統的核心，經過筆者長期研究與探索之後，我把它稱之為，ＨＢＤ的思考系統，ＨＢＤ每一字所代表的意義有狹義及廣義的解釋——

H：是Happy，代表快樂及自信所產生的力量。

B：是Beauty，指我們內心從善良引導出來熱情互動的力量。

D：是Dollar，代表財富但金錢的產生是透過協助他人成功，所具備的影響力。

HBD就是將三個不同的意義，與不同方向角度，所釋放、發展出的力量結合在一起，由內到外，由外再到內，發揮出渾然一體的力量，這股莫之能御的力道就有如太極。

如何才能打造一個HBD的成長系統的？就是從改變做起，**能改變就能帶來突破，就能再重新生長出一個新的生命體**。或許你會說談何容易，其實也不是那麼難，只要我們能做到突破，但突破聽起來既抽象又沒標準，因此我們必須重新認識與解釋「突破」這兩個字。

所謂「突破」，就是做以前「不敢」做的事，做以前「不願意」做的事。

但在身體力行時最困難的，就是會中斷，在我多年的教育訓練經驗中，幫助了無數的學生，讓他們能順利做到突破，其中的關鍵就是我不斷地告訴他們，**自己要勉強自己，只要能勉強一次再一次，久了，次數就能打敗一切困難，而到達突破的目標。**

人在一次又一次的勉強中，不知不覺中想法就會一點一點地漸進改變，想法一改變接著態度就會跟著變，不那麼反抗與反對，由於在反抗與反對力道減弱後，就會低度地接受，進而就產生間斷式的前進與進行，在時間的催化下形成了一個新的習慣，新的習慣一旦養成，性格自然就跟著改變，積極的成功性格養成後，當然就可以掌握命運開創美麗的人生。

當你成功地飛出井，可別高興得太早！因為井裡與井外世界有很大的差異，一個人要從主觀改為客觀，再從一個固定小角度（井底）改為三六〇度廣角視野，一時之間很有可能會完全喪失方向與目標。

因此我從心理學／行為學從以下十九個面向，來解釋人／事／物在複雜環境下發生新的化學變化，進而可能會產生哪些新的問題？新的答案，新的思考！

我們只要能藉由新問題，找出新答案，產生新思考，我們也就不會畏懼任何艱難險阻，可以越戰越強，聚合更大的能量，邁向目標。

1. 抓住春天：「向善」「向上」

在經濟向下修正之後，許多人失去原有的動力、方向，於是就在那波濤洶湧的大海中沈沈浮浮，更有許多人放棄了求生、求勝的意念。

黑夜總是會過去的，春天總是要來的，而能衝破黑夜，抓住春天的就是自己的那顆「向善」與「向上」的心。

「向善」——就是不要抱怨，不要浪費時間與生命，跟著社會那些沈淪的八卦事件共同起舞，少讓那些污濊之事佔據你的頭腦，多去肯定別人，尤其是自己身邊的人，而且要具體明確地適時讚美，從自身的環境開始清潔空氣做起吧！

「向上」——就是凡事都看正面，找出機會，哪怕是成功機率不高，先做再說吧，尤其不要算得太精，要記住「天公疼憨人」，先耕耘再問收穫，上天只會把機會留給先捨、先付出的人。

抓住這次重新洗牌的時刻，運用「向善」「向上」的力量，去改善人際關係、財務結構、工作效率……。美好的春天，在你跨出那步的當下就來臨了。

2.假突破帶來的包袱

為什麼突破了，還會帶來包袱？因為大多數的突破是停留在「腦部」、「嘴部」的改變，卻沒有實質、真正改變後的突破……

也就是我們常說：「你啊，就是打了一嘴的好球，一嘴的好麻將，只要自己一上場，完全不是那回事。」為什麼會發生這樣的結果？原因很簡單，大多數的人想太多了，遲遲不肯行動，尤其是「土象」星座的朋友，筆者給你個建議——多多結識一些火象星座的朋友，你就可以多吸收他們，即知即行的人格特質。

如何讓自己擁有一個突破的性格，請記住兩個口訣：「做以前沒有做過的事……」、「做以前不願意做的事……」，也就是說在自己最害怕與最討厭的情況下，去面對新的事物，一步一步從不適應與想放棄的雙重壓力下，用時間去換取「熟悉感」。

「不習慣」的口頭禪，是扼殺突破的超級殺手，也是包袱建立的最大功臣，身體力行後的「不習慣」反而是潛能釋放的開始——拋掉包袱大步向前跨出去吧！

3. 貪心與企圖心

很多人擔心自己是個貪心者就不敢多要，但事實上，那是欠缺企圖心，所以貪心跟企圖心有必要重新、清楚地再詮釋。

貪心，是什麼都想要。簡單地說，在自己完全沒有計畫、沒有目標、沒有能力的情況下，想得到那些目前不該擁有的一切東西。

企圖心，是想要目前所沒有的，卻在自己的計畫中一步一步去實現目標，就是從實現希望到達成理想，再到追逐「夢想」的境界。

要如何來自我分辨什麼是「貪心」與「企圖心」，兩者之間相同的都是想擁有偉大的未來，但企圖心擁有者的性格，是「規律、反躬自省」。

企圖心是長期實現的期待：貪心是短期立刻就要擁有，貪心者是嘩眾取寵；企圖心者是可以忍受孤獨的。

不要怕要太多，就怕不能忍受實踐過程的煎熬、成功，光采就躲在雲端的後面，勇敢地將挫折的力量，凝聚成撥雲見日的動力。

4. 勤勞、勇敢、創新

成功與外在的大環境不是絕對關係，只有相對的影響，而真正的關鍵是內在的思考與行為模式的總和所形成的個人成功模式。

這個成功模式的內涵，我把它設定為「勤勞、勇敢、創新」，不願付出的背後就是希望一夜致富，久而久之當問題來臨之際，只好用鴕鳥心態期待奇蹟出現來轉變命運，那是不可能的。

如何讓自己擁有勤勞的性格，那就要從生活做起，從沒有金錢報酬的事做起，尤其是男人們更應該常做家事，如洗碗、拖地、燙衣服，多體諒妻子的辛勞，日積月累地主動付出，時間一久，勤勞性格就形成了。

而所謂勇敢就是在碰到問題仍然願意堅持地付出，面對挫折，承擔挫敗，虛心檢討，而大多數的人在面臨挫折，卻採取相反的步驟，等待……與推卸責任……。

創新不是神話，更不是天生異稟的人才擁有，而是在錯誤不斷的進行式中突然跑出來一個對的決策。

創新，是致勝成功的保證，但它不是一蹴可成，而是「踏實」，是「誠實」，是「真心」，是用「愛」努力地一天一滴地灌溉出來的。

5.擁有與成長

仁寶、金寶集團的董事長許勝雄先生曾說過：「經驗是需要累積的，而累積的過程中需要付出一些東西。最怕的是，如果該做的事沒做，突然間做了衝動的決定，你居然成功了，之後你忘了自己是誰，以為什麼都能做，這就是最大的風險。」

上一個世代，全球資訊化浪潮，讓人覺得技能比較重要，可是未來世界的變化更快，個人的技能永遠都處於不足的狀態，勇於面對挫折，向下學習的態度是存活發展最重要元素。

過度膨脹的夜郎自大，與過度的謙虛都會產生不良的投機與恐慌心態，應正確地重新自我檢查自己擁有的能力是什麼？欠缺的能力是什麼？再進行規劃成長的空間是什麼。

一定要沉靜下來，規劃學習的方向，一個步驟一個步驟地往前進，千萬不能心急，尤其必須加註時間來管理進度。

例如，你想練慢跑，目標是三十分鐘，訓練步驟是：第一個目標是每天跑十分鐘，第二個月每天跑二十分鐘，第三個月每天跑三十分鐘，整個過程的訓練是讓你先擁有十分鐘的能力，再往上成長。

成長要大、要遠，必須掌握「滴水可穿石，成長不嫌慢」的思考邏輯。

6. 夢想與動力

我們每個人到底有沒有夢想？相信沒有人不想中樂透彩頭獎，只是內心深處的聲音大小而已……。

但在現實的生活中，大多數的人卻沒有夢想，原因有二：不敢想與不知道怎麼想。為什麼不敢想？是害怕付出努力之後會落空，於是就用不可能取代了夢想的位置，而不知怎麼想的人是欠缺一股動力。

鴻海電子的老闆郭台銘先生在別人眼中，賺錢是他的樂趣，但他自己卻說賺錢是他的「責任」，否則他將對不起所有投資人。所以很明顯這個答案——「責任」是未來將鴻海電子由現今世界第六推向世界第一的夢想原動力。

人人都有一股實現夢想的原動力，那股推力就是「孝」所釋放出來「反哺與回饋」的力量，對父母盡孝是不求回報的，如王永慶先生、施振榮先生，不都是將這股力量發揮得淋漓盡至。

二十一世紀之初，希望大家都能將自己的夢想版很清楚地勾畫出來，只要掌握「孝為成功之本，反哺為我力」的道理，必然每個人都會將自我生命體發光、發熱。

7. 友誼如何能轉換成人際關係

友誼不見得能轉換成人際關係，實力才是最重要的。上週我參加一個朋友的婚宴，一位好友開心地為我介紹她的先生。我除了由他手中接到名片「××公司業務襄理」，對他仍是充滿了陌生感。

席間，同樣的他也遞了名片給其他人，情形仍然一樣，並未見到他與大家有更多的互動。觀察之後我總結原因如下：

＊肢體動作太過僵硬：他總是站在原地遠遠地伸長身子將名片遞出，而不敢離開座位，主動走近對方身旁，再遞出名片，距離太遠會造成距離感，且讓人沒有親切感。

＊服裝儀容不夠專業：剪裁合宜的穿著與修整清潔的髮型、皮鞋等，在在都可以見到這個人在工作上的細心與專業，可惜這位先生在服裝儀容上失去了太多分數。在他身上有過多花俏的配件、戒指、錶、筆……等。

＊沒有親切熱情「持續」的笑容。

現今有些父母希望安排自己的小孩小學／中學在台灣唸書，高中送到大陸，大學再到美國……，希望藉著結識不同國籍的同學打下未來的人際關係。我覺得這些都不夠紮實，因為這與上一個例子相同，這只是友誼並不一定能成功轉換成人脈。

人與人之間互動良好的關係，必須有很堅固的基石，才能打造出好的結構體，這個基石共分為五大類：一、利益；二、興趣；三、理念；四、責任；五、夢想。

人與人之間互動關係最快的是「利益關係」，但最脆弱的也是「利益關係」。所以必須要造就人際關係實力，是由「理念」與「責任」中，開始訓練自己，甚至更長遠堅固的就是「夢想」的力量。

8. 成長的火花

人與人之間有非常多的撞擊與互動，所以會產生很多的火花。這樣的火花有兩種，一種是溝通失敗所產生的爭執火花，另一種則是溝通成功所產生的喜悅火花。這裡我們要談的是溝通失敗的火花是如何形成。

常常有人說「你不瞭解，你不知道」，我們要很慎重地觀察他說的是否真實。如果每件事都用「你不瞭解，你不知道」做為口頭禪，那麼，說話的那個人是有問題的；反之，講話的人平時沒有這些口頭禪，但在遇到特殊事件時才說出「你不瞭解，你不知道」的時候，這要分兩種解釋：

＊對方是否有難言之隱不告訴我們。

如果是這個問題，我們要加強自己的傾聽能力，不要站在自己的立場，更不要在傾聽前，心中就已有固定答案，這種的溝通方式只會讓對方更不想告訴你。

＊對方根本連自己都不知道問題所在，而表達不出來。

可能是表達能力有問題，這時就要訓練如何表達心中的想法，可以用以下方式。如果不知道要如何表達，你可以先寫下要表達的內容，再反覆練習，就可以突破無法表達的困境。

其實，我們會聽到「你不瞭解，你不知道」，關鍵在理念不同，在職場，在兄弟姊妹，在親子間都是因為沒有辦法達成共識。所以必須加強生活上共同可接受的價值，互相來進行調整，讓大家朝向一致的共同理念。

9. 改心即改運

「我的運氣不太好」這種抱怨的口氣與聲音，似乎在我們生活周遭不絕於耳，面臨此際，很多人就採取求助於算命／風水／姓名之一切可變之法，都去試用看看。但唯一沒改變的是那顆心，而心可分為「動、靜」兩部分。

所謂「動」的部分，就是你的活動範圍，例如你的客戶是否只侷限於台北這個區域而已，或是客戶的職業、年齡，僅限於某一個層面，總之你的生命運的力量（運氣）是決定在你的活動範圍是否夠大、夠深、夠寬。

「靜」的部分，就是方向、目標。但大多數的人常常中途放棄目標，改變人生方向，而造成人生改變方向最主要是受「價值觀」的改變影響，人生在中途因為遇到挫折，於是投機就取代了投資，恐懼取代歡喜、忌妒、憎恨、懷疑，放棄生命動力縮小了範圍，停止了前進的步伐，寧可將歲月押在等待與奇蹟之上。

朋友們，當你的運氣不好時，最主要是要伸出「手」多交朋友，跨出「腳」多接近大自然，張開「耳」多聽別人的建議，多用「眼」網住最新的資訊，豐富你的心靈，自然整個外在環境也就「境隨心轉」了。

我們再來談談「中點起飛」這個概念。

人從出生後，歷經「生、老、病、死」，在那段歲月中有起伏，有高低，但最後總希望自己有個美好的句點，得到別人的敬仰。由此可導論出贏在終點，比贏在起跑點來得有意義得多。

如何才能贏得終點，就必須讓自己在中點要能起飛，而所謂「中點」是指人大概平均出社會年齡是二十五歲到一般衝刺的年齡，大約在五十歲以前，這二十五年稱之為中點歲月。

在中點歲月中，學習突破就成了最重要的原動力，但在我的訓練經驗中，我發現了大家的學習障礙——「年齡、學歷、資歷、職位」，如何才能破除這些障礙，我研發了一個有效的標準，以年收入來區分學習的心態與方法。

未達到年收入一百萬者，學習必須「少說多做」，少說藉口、少抱怨，多做不是隨自己意願做，而是聽主管的指示做（聽話照做）。

未達到年收入二百萬者，要「多聽多做」，聽別人的建議與多協助年收入未達一百萬者成長，多配合主管的指示。

未達到年收入三百萬者，要「多聽多看」，多聽社會地球的脈動聲音，多看歷史、地理、經濟的知識與資訊，從三者之間找出用人的管理之道。

二十一世紀的學習是隨時隨地的有效學習，是音樂性、人文性、自然性的成長。

10.重心與目標

很多人一生會設了很多目標，甚至不斷地設定目標，周而復始地重新更改目標，在這個心態背後其實真正的病因是自己沒有把持住重心之所在。

在我學習太極拳時，老師一直不斷地告訴我們「氣沉丹田，重心在腳底」，更不准我們肩膀晃動，保持用腰來旋轉，重心在腳後，由腳底而產生力量。當時我真的是昏了，但我想，要成功別無他途，只有聽話照做，果然經過了五個月不斷地每日反覆練習，終於能達到運用自如的境界了。

目標設定的重心就是價值觀，贏在終點比贏在起跑點更有意義多了。因為百分之八十的人都是輸在起跑點，但能不能後來居上，就必須靠堅持你所設定的目標，有如龜兔賽跑，不停地改變的人，終有勝利的一刻。但如何能在中途不被他人或環境所利誘，就必須做到「有所為，有所不為」，而要能把握此準則，就要仰賴時間去磨練出成熟的人生價值觀。

正確的人生價值觀就像不倒翁，能永遠幫你保有成功的重心。

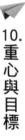

11. 激情之另一新解

一塊石頭丟向湖面，可能只有一個水波，或者是可產生較長、較大的水波，激情就好比是那塊石頭，可以很有技巧地將水波帶起，或許又像那森林裡的星星之火卻能燃燒整片的樹林。

激情，或許會讓很多人給嚇到了，因此我們要重新去認識激情這兩個字。首先，請大家不要把偏激式的激情取代了其他所有的激情。在此，我對「激情」做了另一新解——當我們碰到較開心、較快樂的時候，那一剎那由眼部、聲音、肢體動作都比較誇大地表達出來，甚至更自然而慣性地純熟表演出來。那是一種高度的技巧，雖然心中有時也未必那麼開心，卻也能表現得爐火純青，那就屬更上層樓的功夫了，就像小燕姐的笑聲不就是最佳的典範嗎？

激情是一時，是短暫的，是帶動熱情的高度技巧，如何才能擁有此項技巧，平時要不斷地練習誇大的臉部表情，聲音表情及肢體動作，自我練習由害羞心態引導到誇大不自然的狀態，久而久之就習慣了，最後一層突破就是收放自如的境界，頂尖的業務員與企業領導都不可欠缺這項功夫。

12.熱情之正解

大聲地吶喊「我要成功」，信誓旦旦地綁著紅布在頭上，跑到馬路上跟所有人宣誓：要成功，要成功。

如此激勵的表現方式絕對不是熱情，那是激情，上一點我曾談過激情是短暫是一時的火花，對我們動力燃燒的幫助是有限的，只有三分鐘的效用。

那麼，什麼才是真正的熱情，它有兩個含意，它是主動並非被別人強迫的，它是持續的，而不是三分鐘的熱度，要啟動熱情必須找到內在……。

生命的價值，付諸於生活、工作的內容，價值觀就像一個導航器，就像一個指南針，隨時運用人內在的善去引導出軀體四肢的活動能力與能量，如此周而復始地循環，所產生的生命力就稱之為熱情。

13.孤傲與孤獨

孤傲與孤獨兩者都是寂寞的，但差別在孤傲是一世的孤獨，但勇者的孤獨卻是一時的。

孤傲與孤獨的人總是先知與先行者，但是否會造成一時或一世的孤獨，完全在心態及他與別人互動之間所造成的差異，當先知先行者向後回頭一看，孤傲者總是不屑地投以譏笑的口吻與眼光，回敬給後知後行者，簡單來說就像「得理不饒人」，是以教訓口氣而缺乏耐心，更別談溫暖的肢體動作，久而久之，就讓人敬而遠之。

勇者的孤獨卻正好相反，因為先知先行的「真理」，一般人無法理解與實踐，卻能一次又一次耐心溫和且體貼地向後知後行者付諸愛心，日久之後，讓人油然而生敬，勇者在真理未能被大眾接受認同之後，是勇往直前的，那些寂寞孤獨，是完全被勇者自我吸收了，絕不會波及無辜。

孤傲者表面一時是燦爛的，但時間卻不站在他那一方，一世的孤獨是孤傲者最好的寫照，勇者的孤獨表面是平實的，但時間卻打造出吸引人的內在光芒。

14. 孝看人生

「自掃門前雪，休管他人瓦上霜。」、「以其人之道還治其人之身」、「你給我一呎我敬你一丈」，冤冤相報無了時，人跟人之間就在彼此的討較、計較之下，展開了人性最自我與自私的惡性循環。

想要跳開這個框框、這個迷陣，唯一的方法是主動不求回收地付出，在許多的演講中，我常要求台下的聽眾閉上眼睛，回答我一個問題，自認自己是孝順父母的請舉手，結果答案平均每次舉手人數都未超過一半。

許多人都花很多心血去找人際關係的天蠶神功，殊不知最能建立人際關係的方法就是付出……，大家都知道能捨就能得，但在生活當中卻是違背其道的，汲汲營營地在找先能得到利益的技巧，卻不願身體力行地去做真心不求回報的付出，唯有孝順父母，懂得付出的人，才能以原諒、不計較的大智慧，笑看人生。

15.理性與感性之運用

很多人都為了自己是否太感性？或是太過理性？而困擾不已？其實我們不應該過度地把自己定位成感性型或理性型。

反而是應該很正確、適時地發揮感性與理性。在賺錢工作、創造事業上就應發揮高度理性，在碰到困難瓶頸時，絕不可以時也！運也！命也！這樣輕輕地帶過，應是理性而認真地以數字的方式來檢討……。

但如果是做人處事受到委屈或遭受到誤會，就不能以數字作為檢討的方式，反倒是要感性柔軟地看待之，時間自會還給你公道。

做事應以數字化來發揮高度理性，迎接任何的挑戰。而做人以柔順圓融，感性的胸懷度量來面對人生。

16. 三十分鐘扭轉挫折

所謂挫折，就是我們做了某一件事情之後，未能達到預期的結果，此時我們的情緒就會低落，全身充滿無力感，心態上更是萬念俱灰，否定自己所有的能力，腦袋只剩一個想法——那就是從此以後，我的人生一切的一切都是不可能成功的。

放任讓「放棄、妥協、低頭」取代了「前進與挑戰」，但我們必須認清楚成功的前身就叫挫折，而能將挫折轉換成成功的重點，就在如何看待挫折，所以當我們碰到挫折之時，首先，就要以成熟的心態去接受它、面對它，再以嚴苛的態度來檢討，找出問題，從問題中找到我們欠缺的能力到底是什麼，進而訓練或培養新的能力，因此我們要給挫折一個新的定義。

所謂挫折就是重新讓我們培養一個新能力的機會。而在培養新的能力，必須每天重複地做三十分鐘，並持之以恆地施行三個月，必能有所成。

17. 成功是否有標準

你有你的標準？我有我的標準？到底成功是否應該有一定的標準？儘管你可以從主觀的自我意識形態上？灑脫地解釋成功是由自己決定，為什麼要活在別人的標準裡？

但事實果真是由自己決定的嗎？絕對不是的，成功的定義一定有個客觀的標準，這個客觀的標準是經過大多數人認同的，基本上成功，大家是對它有高度的評價與喜愛，例如：職務上的升遷、世界小姐的選拔、形象的好與壞、貧與富的區分、快跟慢、大與小……諸如此類的，表面上看來，有的很難區分，其實不然，因為都有一連串的數字在把關。

因此每個人想成功就得通過一連串的檢定與測試，而在檢定與測試中，就得通過超越那一連串的數字，像是在臺灣，想要成為二〇%的富人，就必須月收入十五萬元以上。所以，我們要以正確的心態看待成功的標準意義，其真正的含意是告訴我們再努力！再用心去找個更好的方法。

18.生理與心理的年齡

二十一世紀在激烈競爭與高速淘汰賽中，想要脫穎而出，除了擁有專業知識之外，還必須有年輕化的生理與心理。

生理上的年齡是指體力與體態，由於很多人在忙碌的工作後，既缺乏運動又有吃宵夜的習慣，久而久之體態與體力都已未老先衰，從體態的層面上就少了一份自信與光彩，尤其從眼神中更無法散發吸引人的魅力。

因此，你必須培養每天運動三十分鐘的習慣，才能打造年輕而具有魅力的神采。心理的年齡尤其更是重要，有些年齡才四十歲左右的人，常常喜歡動不動就自己已經老了，在我的觀察中我發現到了讓人看起來顯老的幾個原因：

1身材變胖；2頭髮變白卻不染；

3不吸收新知識；4喜歡狡辯；5沒有夢想

前兩項是生理年齡所造成的，很容易改善，後三項是個性使然。改善的方法就是要讓個性開朗。若想要個性開朗平日就要刻意地強迫自己大笑，丟掉那怕犯錯的心態，另外要計畫十年以後的目標，如果沒有十年目標，就沒有夢想的力量，沒有夢想，就沒有明日的力量，沒有明日，就無法產生克服今日困境的力量。

19.分擔與責任感之培養

面對壓力時，有人會採取逃避的方式，有的人是去面對、去接受，在生活中由於長期採用了不同的行為模式，久而久之成敗就定論了。

現今社會現況採取逃避模式的人居多，為何會如此呢？其實大多數人並非一開始就採取逃避，而是承受不了壓力。現代人為何抗壓性會如此脆弱？那是因為眼光短視，習慣推卸責任，欠缺責任感使然。

要養成責任感就要在生活中先學會分擔的習慣，進而才能承擔部分的成敗。習慣承擔成敗，就能一肩挑起，勇於接受挑戰，責任感方能見於心，行於身。古有名訓：「天將降大任於斯人也，必先苦其心智，勞其筋骨……」

價值觀不是每個人與生俱來的，它是由感性到知性，由抽象到實體，所以每個人都是生理承受苦難、快樂之後再轉化成一個信念。而這個信念再經過潛意識到覺醒意識，此時我們的行為便產生了，而這個行為模式經過長時間的重複，我們稱之為習慣的行為，但習慣的堅持與否就是被價值觀所控制，所以每個人都很清楚地找到事件的價值觀——

我讀書的價值觀？

我唸這個科系的價值觀？

我進這家公司工作的價值觀？

我養育兒女的價值觀？

我婚姻的價值觀？

我創業的價值觀？

價值觀？價值觀？一定要有自己的價值觀？否則這一生的時光很可能就這樣虛度了？

靈性轉動器——「價值觀」。我們一切的行為（成品）來自成份（價值觀）的改變與調整，但價值觀這部靈性轉動器會隨時偵測外在環境的訊號，一旦接收到訊息後就會驅動肢體進一步做出行為反應。而這部靈性轉動器是否能具體而清楚地把它呈現出來？答案是可以的。

突破修行室

Why：沒有價值觀必定是行屍走肉。

Think：價值觀會操控每一個人。

How：不要主觀。

Human Quotient

千古障礙

人生道路上所有的障礙都是在淬鍊我們，當人生回頭一看，好險！沒有昨日的障礙，怎會有今日的我？

「三十而立，四十而不惑，五十而知天命，六十而耳順，七十而從心所欲。」這真是個千古的障礙。

三十一歲的我，辭去華航工作之後，內心只有一個聲音與理念——「錢不重要，工作第一」。於是我瘋狂地投入工作（因為我的社會導向較高），那時的我得到無數掌聲與提拔，簡直像在坐直升飛機。

但就在同時，同事之間對我有些許的人身攻擊與毀謗，事後我非常訝異所有的攻擊與毀謗，竟來自當時提拔我進公司的那位的主管，那時我真像是斷線的木偶般黯然地離開了公司。類似的事在三年之後又重複上演，當時我不但是斷線，更是個破碎的木偶，那一次事件經過多年之後我才得以釋懷。

我的學生常問我：「老師，為什麼你教課總是掏心挖肺地付出？」這個問題的答案我也常運用在孩子身上，我常常告訴他們，你們做我的孩子是幸運的！也是不幸運！你們的成長會有很多的愛，相對我也會給你們很多的壓力。在學生的學習反應中就有相同的反應，記得許多公司的高階經理人都會說：「老師，上你的課，我的心情是既愛又怕。」

希望大家不要犯下和我同樣的錯：「跌得頭破血流，才找到答案？」就是在這個價值觀驅動之下，讓我在教學時及揮動寫作的筆時，格外有力。

這個千古障礙似乎在一九九〇年網際網路蓬勃發展時受到質疑，當時二十～三十歲的年輕人急速在全球展現了驚人的爆發力與主控權，但好景不常在，泡沫化之後，全球的主導權各企業的ＣＥＯ，似乎又從年輕人手上轉移到中年人手上（四十～五十歲），這裡並不是要探討絕對性的年齡問題，而是想探討一個相對性的成熟度所相互造成的因素。

三十而立——它是單一的個體性，單純的，只要設立目標，勇往直前，相信成功的機率是很高的。

四十而不惑——也就是三十歲到四十歲這個期間，一定會有很多的疑惑？因為它從單一性轉變成複數性，會面臨到成立家庭，甚至子女降臨，員工人數擴充，公司經營規模變大……等等，一連串從來沒有的經驗產生了，新舊經驗融合成的智慧結晶才能讓人安然地在人生的風浪中前進。

五十而知天命——五十歲是男人的大好、大壞的分界點，因為大多數女性會在此時回歸家庭陪著子女安排大學及事業生涯規劃。而此時的男性就陷入孤軍奮戰，失業？退休計畫？創業？……都是男人最大、最難的抉擇與考驗。

強者會選擇創業，但另外一個課題立刻隨之而來。「天命」——協助他人生涯規劃的能力？了解社會發展趨勢？國家發展趨勢？了解全球發展的趨勢？尤其是了解全球經濟發展趨勢？

「知彼知己，百戰不殆」除了要具備掌握自己的基本能力，更要掌握眾人及全球「勢」的發展。

六十而耳順——一切都在自己的掌握之中嗎？當然不可能，四周雜音一定響起，但天生男性就是想行掌天下，所以政治狂想曲就響起了，那些政治過度狂熱份子的耳根子永遠也不安寧？

七十而從心所欲——經過四十而不惑，五十而知天命，六十而耳順，相信那時應該可以找到自己無所欲的「欲」，也是真正的「無欲則剛」。七十而從心所欲——這個「心到欲」就是千古障礙的終極殺陣，七十指的是過七十歲或不到七十歲，大部分的人都是過七十歲而跳不過這終極殺陣。

這個殺陣的陷阱就是小愛，小我，自我享受的行為——「自掃門前雪，休管他人瓦上霜」的心態，雖然感恩、奉獻又感人卻又刺耳的語言，人人都能懂，但關鍵是「行」而不是「知」。

人都容易陷入自我欲望中，而跳脫不出來，心理醫生充其量也只能治標，治本之道仍然在於自我對生命意義的認知？「欲」能載舟也可覆舟，能否闖出欲的終極殺陣，跨過千古障礙。

中國五千年最的成熟的智慧行為，就是追求「立功」、「立德」、「立言」，三不朽的精神，是七十歲或不及七十歲（但有七十歲的歷練者），終其一生追求奉行的圭臬。

面對千古障礙——前文第二章所提到ＴＴＩ報告就能協助我們在人生戰場上不被絆倒而一蹶不振。讓我們更深入研討ＴＴＩ報告的精神與本質。在ＴＴＩ教案中，大部分的人在六項價值圖形中，大部分都只有二～三項超過那根平均線（六十八％的平均值），因此在解讀報告上不能用單一價值來判讀一個人的行為模式。

我們不可能是只屬於單一種價值觀的人，而會是六種混合的結果。所以我常跟我的學生聲明價值觀本身沒有「對與錯」。

例如：眼前有一個受傷的落魄人士躺在地上，你會不會立刻去搶救？

1. 社會導向高，傳統導向高者——100％會

2. 社會導向高，實質導向低者——不一定

3. 社會導向高，唯美導向高者——不一定

4. 實質導向高，唯美導向高者——100％不會

燈塔最重要的功能是黑夜中能發光指引眾人方向，而這人生燈塔，其光的燃料就是價值觀，為實現自己的價值觀所努力付出的能量，就會讓燈塔發光。燃燒吧！人要不畏困難，勇往直前地燃燒自己，讓燈塔充滿能量，為自己、為別人，投射出一條黑暗中前進安全的成功之路。

突破修行室

Why：這是每個人必修必走的過程。

Think：越過障礙才能蛻變。

How：多聽、多看、多請益。

Human Quotient

豪情壯志，志在天下

只有敢放眼天下的人，才會激發無限的可能。

地球是圓形的，只要堅持努力一直向前走，一定會回到原點，不要怕「迷失」。

今天清晨的風勢格外強勁，從陽台看出去大約五層樓高的大樹的頂端搖動得特別厲害，但此時我看見一隻烏鴉奮力往上飛，搖晃的身軀似乎很難在樹梢上停留，心裡正在想烏鴉為什麼一定要站在上面，此時遠方忽然有一群烏鴉飛起來，這隻孤單烏鴉便振翅飛向那個群體，那個群體也許是牠的「家族」吧？

「爸爸，烏鴉、海鷗，你寫的這些動物與書的內容有什麼關係？」

「爸爸，今天有沒有把我寫進去？」這是女兒回家之後，常問我的問題。

「爸爸，今天有沒有偷懶？有沒有寫書？今天寫了幾個字？不要把我寫進去，我會不好意思。」這是兒子每天回家之後和我的對話。

「老公有靈感嗎？寫得出來嗎？藍天、湖水、烏鴉、海鷗可以寫成一篇嗎？」這是太太的語言。

從台灣也會傳來：「現在共寫幾個字啦？」這是來自我年過八十母親的關懷；在美國的岳母總是問還有幾個字就可以寫完？很辛苦嗎？

一串一串的問候與關懷，是我在寫作期間，家庭成員所釋放出來的濃濃「親情」。家所釋放的那份「親情」，一直是中國文化最偉大的資產，不論自己到幾歲的年紀，在母親眼中永遠都是「小孩」。那份一代一代的真情流露所形成的三代同堂，那妯娌之間，婆媳之間複雜的相處之道，雖是錯綜複雜的人際關係，令人感到莫名的壓力，但那強大的壓力卻也造就了個人的責任與榮譽。

為祖先爭光而努力，期待子孫個個能揚眉吐氣，光大門庭；家族成敗那份擔子雖然很沉重，但那就是一股向上的力量。

仰不愧於父母、祖先，俯不愧於子女、子孫，發揚祖先貫穿古今的責任是「出井再戰」磅薄氣勢與動力的來源。

一九八七年筆者在中華航空公司任職，當時是人人稱羨環遊世界的高收入工作；就在於那份工作性質，難以對下一代啟齒說明，才辭去華航空服員那份工作。

一九九六年在台灣成立「HBD成長學機構」，經營至二〇〇七年雖然已建立良好口碑，但內心卻浮現「金麟豈是池中物」這句話；我的一生不要只做池中之物，更拒絕子女及後代都成為池中物，於是毅然決然結束台灣所有的事業，帶著下一代奔向成長更寬闊的空間——美國。

「再戰一次」不是失敗者的專利，更不是屬於懦弱者；它是屬於勇於挑戰的人、企圖再創造高峰的人，是屬於責任而有使命的人。

突破修行室

Why：一生不做池中物。

Think：不要滿於現狀。

How：設定更高的目標。

Human Quotient

人心的雕刻手

相由心生，所以雕相不如雕心。

所以要勇於挑戰不同國度的人、不同國度的市場，決戰全球。

孟子見梁惠王。

王曰：「叟！不遠千里而來，亦將有以利吾國乎？」

孟子對曰：「王！何必曰利？亦有仁義而已矣。

王曰：「何以利吾國？」

大夫曰：「何以利吾家？」

士庶人曰：「何以利吾身？」上下交征利而國危矣。

子曰：「君子謀道不謀食。君子憂道不憂貧。」

如今世界已經快要成了一個大賭場了，人人都以謀財、謀利為自己人生的首要目標，早將二千年前的仁義拋諸腦後，把古聖先賢視若糞土；既不想承先更不想啟後，唯我獨尊盡情享樂，沉溺於金錢遊戲之中，而樂不思蜀。

全球二〇〇八年的金融危機被引爆了，完全是人性一場貪婪的遊戲，原本是非常健康的房地產、股票、基金、長期投資，但在道德敗壞的金融人員推波助瀾與大力鼓吹之下，利用「買低賣高」的短期獲利誘因之下，使這個夢幻泡沫瀕臨到了臨界點，隨時都會再度爆炸。

人類一直都在追求一條前進之「路」，但前進之路總是充滿許多的陷阱、騙局、障礙，每個人都難免會深陷其中，於是黑暗也就隨之而來，黑暗的降臨總是使人害怕、使人生畏，讓人走向負面，走向悲觀，走向殘破。

在二十一世紀，全人類向前進的道路引領者的任務，已經由西方交棒給了東方，而東方的力量已悄然升起，這股東方的力量就是中國五千年文化的責任。

在二十世紀西方的力量給人類帶來空前的繁榮與科技，但其背後卻隱藏一顆極

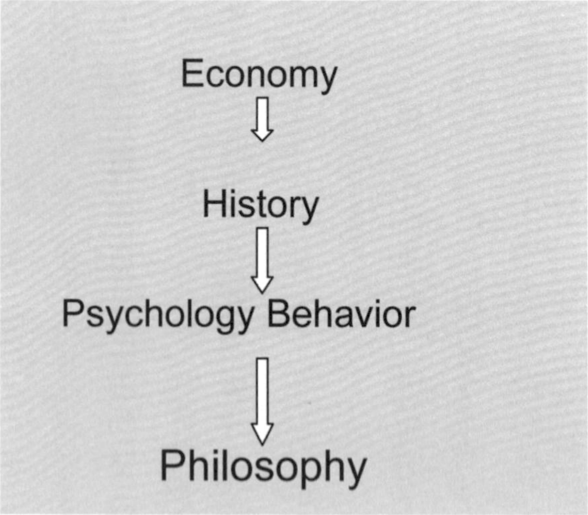

大破壞性的核彈：「人性貪婪」——西方的力量已無法壓制，因為貪婪的背後有一個金錢的大騙局，這場金錢大騙局讓人只想提早退休，於是人人每天期待樂透、股票、房地產、基金，能讓他們一夕致富，如今這股貪婪之火已從西方延燒，擴向全球。

這股貪婪的力量已經將人類的純潔蒙上了黑暗，讓人們不想從事生產工作。

但是金錢財富的增加，不是只能靠金錢遊戲一途而已，而是要回歸每個人腳踏實地的努力付出，才是長久之道；要走向這正確之道就要發揮ＨＱ，再加上宏觀性的思考，在宏觀性的思考上我研發出一套邏輯供給各位讀者，如上圖所示：

運用這個公式我們的思考將由「點狀思

考」，成長為「直線型思考」，再由直線型思考擴充成「整體面型思考」，最後就由整體面型思考轉型為球體的「空間式思考」。由點線面靜態思考，轉為動態空間式球體運轉的思考之後，就有如千軍萬馬在手，可自由調度。

ＨＱ能細膩輕巧地點亮我們進入黑暗祕谷之路，帶領我們進行探索，補足左腦缺角的問題，融化右腦結冰的困擾，人人都不再是斷線木偶，而是能做個玩風高手，重生蛻變一個新生命體，集Scientific（科學）、Aesthetic（美學）、Moral（道德）於一身：做一個能改變歷史的弓箭手，拉弓精準地射中快樂的紅心。

讓人人歡笑多一點，血腥少一點，恐懼害怕少一點，勇氣強一點，跨過千古障礙，如此每個人生都能展現一首人生圓舞曲。

突破修行室

Why：我要成為一個大格局的人。

Think：心懷地球。

How：多做公益。

自己要勉強自己，只要能勉強一次再一次，久了，次數就能打敗一切困難，而到達突破的目標。

HQ Note

掌聲、讚美、肯定、獎品，這一切美好東西，只會被一個人擁有——那就是「主角」

完美不是生活的最終目標，改進、成熟、歷練的永久過程，才是生活的目的。

HQ Note

誰能了解人為何會流淚？誰就能真正掌握感動力，
有了感動力，影響力才會真實而長遠……

所謂挫折就是重新讓我們培養一個新能力的機會。

HQ Note

我們改寫了書的定義

創辦人暨名譽董事長　王擎天
總經理暨總編輯　歐綾纖　　印製者　家佑印刷公司
出版總監　王寶玲

法人股東　華鴻創投、華利創投、和通國際、利通創投、創意創投、中國電視、中租迪和、仁寶電腦、台北富邦銀行、台灣工業銀行、國寶人壽、東元電機、凌陽科技(創投)、力麗集團、東捷資訊

◆台灣出版事業群　新北市中和區中山路2段366巷10號10樓
TEL：02-2248-7896
FAX：02-2248-7758

◆北京出版事業群　北京市東城區東直門東中街40號元嘉國際公寓A座820
TEL：86-10-64172733
FAX：86-10-64173011

◆北美出版事業群　4th Floor Harbour Centre P.O.Box613
GT George Town, Grand Cayman,
Cayman Island

◆倉儲及物流中心　新北市中和區中山路2段366巷10號3樓
TEL：02-8245-8786
FAX：02-8245-8718

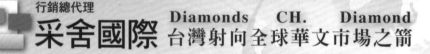

國家圖書館出版品預行編目資料

HQ帶你飛出自己的井 / 崔沛然著. — 初版. —
新北市 : 創見文化, 2012.05
面 ;　公分 (優智庫 ; 45)
ISBN 978-986-271-222-1(平裝)

1.職場成功法

494.35　　101008251

HQ帶你飛出
自己的井

創見文化

HQ帶你飛出自己的井

出 版 者 ◤ 創見文化
作　　者 ◤ 崔沛然
品質總監 ◤ 王寶玲
總 編 輯 ◤ 歐綾纖
文字編輯 ◤ 蔡靜怡
美術設計 ◤ 蔡瑪麗

郵撥帳號 ◤50017206 采舍國際有限公司（郵撥購買，請另付一成郵資）
台灣出版中心 ◤新北市中和區中山路2段366巷10號10樓
電　　話 ◤（02）2248-7896　　　　傳　　真 ◤（02）2248-7758
ISBN ◤978-986-127-222-1
出版日期 ◤2012年6月

全球華文國際市場總代理 ◤采舍國際
地　　址 ◤新北市中和區中山路2段366巷10號3樓
電　　話 ◤（02）8245-8786　　　　傳　　真 ◤（02）8245-8718

新絲路網路書店
地　　址 ◤新北市中和區中山路2段366巷10號10樓
電　　話 ◤（02）8245-9896
網　　址 ◤www.silkbook.com

線上pbook&ebook總代理 ◤全球華文聯合出版平台
地　　址 ◤新北市中和區中山路2段366巷10號10樓
主題討論區 ◤www.silkbook.com/bookclub　●新絲路讀書會
紙本書平台 ◤www.book4u.com.tw　●華文網網路書店
電子書下載 ◤www.book4u.com.tw　●電子書中心(Acrobat Reader)

本書採減碳印製流程並使用優質中性紙（Acid & Alkali Free）最符環保需求。